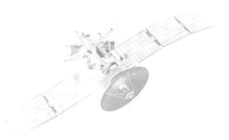

本书出版得到国家自然科学基金项目"滇中城市群国土空间格局多尺度演化模拟及优化配置"（41761081）、云南省重大科技专项"北斗YNCORS+地理信息服务应用研究（二期）"（2016ZI004）和云南省重大科技专项"基于北斗卫星技术的国土资源管理综合服务平台建设及应用示范"（2016ZI002）等项目的支持

北斗和天地图地理信息服务SDK技术开发与实现

赵俊三　陈国平　张述清　柯尊杰 等 著

武汉大学出版社

图书在版编目(CIP)数据

北斗和天地图地理信息服务 SDK 技术开发与实现/赵俊三等著 . —武汉：武汉大学出版社,2023.6
ISBN 978-7-307-23735-3

Ⅰ.北…　Ⅱ.赵…　Ⅲ.地理信息系统—制图综合自动化　Ⅳ.P283.7

中国国家版本馆 CIP 数据核字(2023)第 075107 号

责任编辑:王　荣　　责任校对:汪欣怡　　版式设计:马　佳

出版发行:**武汉大学出版社**　(430072　武昌　珞珈山)
(电子邮箱:cbs22@whu.edu.cn　网址:www.wdp.com.cn)
印刷:武汉科源印刷设计有限公司
开本:787×1092　1/16　印张:13.5　字数:278 千字　插页:2
版次:2023 年 6 月第 1 版　　2023 年 6 月第 1 次印刷
ISBN 978-7-307-23735-3　　定价:69.00 元

前　言

北斗卫星导航系统(Beidou Navigation Satellite System，简称 BDS，又称为 COMPASS，中文音译名称 BeiDou)是我国着眼于国家安全和经济社会发展需要，自主建设、独立运行的全球导航卫星系统，是面向全球用户提供全天候、全天时、高精度的定位、导航和授时服务的重要国家空间基础设施。"天地图"是由国家基础地理信息中心建设的网络化地理信息共享与服务门户，它是"数字中国"的重要组成部分，是国家地理信息公共服务平台的公众版。实施"天地图"项目的目的在于促进我国地理信息资源共享和高效利用，提高测绘地理信息公共服务能力和水平，改进测绘地理信息成果的服务方式，更好地满足国家信息化建设的需要，为社会公众的工作和生活提供方便。"天地图"既是政府服务的公益性平台，也是测绘地理信息产业发展的基础平台，具有权威性、准确性、现实性好的特点。"天地图·云南"是"天地图"在云南省的节点，自 2012 年 10 月正式上线以来，经过多年发展，取得了令人欣喜的成就，数据资源不断丰富，服务性能不断提升，拥有覆盖全省的影像与电子地图数据资源，已经在应急、旅游、物流、交通、公安、民政等行业取得了广泛的应用，同时为后期更多行业应用开发积累了经验。

为进一步完善云南省测绘基础设施，实现"天地图·云南"与北斗卫星导航技术融合并进行应用推广，我们研究设计并实施了 2015 年云南省重大科技专项项目——"基于北斗 YNCORS+地理信息服务平台应用研究"，重点完成了两项工作：一是对云南省综合卫星定位服务系统(YNCORS)进行了改造升级，建成了支持北斗卫星导航系统的多模、多卫星连续运行基准站网；二是基于面向互联网开放的结构体系，以"基于位置的地理信息服务(LBS)"为核心，设计开发了门类齐全、互联互通的天地图·云南地理信息系统平台，在保障信息安全的前提下，向农业、物流、交通、旅游、应急、公安、林业、水利、电力等行业提供精确、可靠的实时位置和地图服务，并根据国家和云南省有关政策要求制定了平台运维管理措施。目前，平台运行安全、稳定，可快速响应数据中心服务请求，实现了预期目标，取得了良好的效果。

近年来，随着移动互联网的高速发展，带动移动地图市场急剧扩大。随着云计算、物联网、大数据、区块链、时空智能等技术的发展，人们越来越多地使用电子地图和基于地理位置相关的服务。一方面，未来手机地图应用场景将以出行导航、实时定位等基于位置的地理信息服务(LBS)为主；另一方面，无人驾驶、车联网等新型产业也为地图行业提供了巨大的发展空间，地图行业的市场竞争格局逐渐开始分化，商业模式日趋成熟，高德地图、百度地图、腾讯地图等商业互联网地图服务活跃用户量遥遥领先，占据了主要的市场份额，成为市场的领跑者。该领域"天地图"是后来者，虽然"天地图"相对于互联网商业地图服务具有内容更丰富、数据更现势、精度更高等优点，但各大互联网商业地图服务已经形成了自己的生态圈，聚集了众多的应用开发商，积累了大量的移动应用。而"天地图"相对专业的开发技术要求和复杂的开发方式也使移动应用开发者望而却步，导致"天地图"在移动地图市场的占有率一直不高。

针对这一情况，我们以加快北斗卫星导航技术在云南省地理信息领域的深化应用，促进云南省北斗和移动地图服务产业发展，降低"天地图"移动应用开发门槛，扩大"天地图·云南"的影响，充分发挥北斗卫星导航技术在全省自然资源调查监测、防灾减灾以及地理国情监测等领域的应用为目标，以云南省科技厅组织的北斗重大专项为契机，策划实施了"北斗 YNCORS+地理信息服务应用研究(二期)"项目，通过综合北斗天线阵列技术、北斗 YNCORS 技术和天地图·云南地理信息服务，探索了具有云南地方特色的地理国情监测体系，建设了基于北斗天线阵列的地理国情监测试验平台，实现了北斗卫星导航技术在云南省防灾减灾以及地理国情监测方面的应用。项目针对天地图·云南地理信息系统平台，设计了一套软件开发工具包(SDK)，封装了北斗 YNCORS 和天地图·云南地理信息系统平台提供的各项服务。其主要特点在于封装完成的 SDK 能使用户在进行应用开发时不再需要过多地了解底层服务的技术细节，实现应用开发过程中应用层与服务层完全隔离，用户在进行应用维护时只需保持服务接口不变，就可应对平台服务的不断扩充和升级；使用标准化的服务接口进行应用开发时，也只需改变其中的几个参数就能实现不同服务调用，这样将大大提高代码的可维护性和可移植性，无论将来平台服务增加到什么程度，都能快速、简单地实现平台服务调用，提高了程序的可重复性，降低了开发成本。

本著作是对北斗和天地图地理信息服务 SDK 的介绍，也是我们进行北斗 YNCORS 接口设计和天地图·云南地理信息系统服务封装工作的总结和思考，剖析了底层开发技术，阐述了 SDK 设计开发的基本理论与技术方法，详细介绍了在 Android 平台和 iOS 平台下使用 SDK 的过程和要点，包括 SDK 架构、主体功能设计、开发环境搭建、功能接口说明和应用开发案例。

本书可作为高等校院测绘工程、地理信息科学、软件工程等专业或相关专业本科生和研究生的参考书，也可作为移动地理信息应用设计开发人员的参考用书，并可供从事各行业领域信息化建设、地理信息系统开发的科技工作者参考。

本书的出版得到国家自然科学基金项目"滇中城市群国土空间格局多尺度演化模拟及优化配置"（41761081）、云南省重大科技专项"北斗 YNCORS+地理信息服务应用研究（二期）"（2016ZI004）和云南省重大科技专项"基于北斗卫星技术的国土资源管理综合服务平台建设及应用示范"（2016ZI002）的资助。写作过程中引用和参阅了大量国内外学者的相关研究成果，也得到了云南省科学技术厅、云南省科学技术院的大力支持。在此一并表示衷心的感谢！

参加本书撰写的包括昆明理工大学、云南省基础测绘技术中心、云南云金地科技有限公司、昆明市测绘管理中心、云南省国土资源规划设计研究院、昆明市信息中心等单位的研究工作者和技术开发人员。赵俊三、陈国平、张述清、柯尊杰主持本书的撰写工作，赵俊三、陈国平负责全书的统稿与审定。参与本书撰写的人员还有张静海、冯亚飞、赵雷、史珂、王彦东、谷苗、唐明凡、卢尚书、江新飞、王彬、袁翔东、包银丽、杨宏瑞、李艳、王琳、林伊琳等。详细撰写分工如下：赵俊三、陈国平、柯尊杰、张静海、冯亚飞、赵雷、王彬、袁翔东、包银丽、王彦东、杨宏瑞、王琳负责撰写第1~4章；赵俊三、陈国平、史珂、张述清、唐明凡、卢尚书、李艳、林伊琳负责撰写第5~7章。

本书的完成，集结了高校、研究机构、企事业单位的相关科研人员、开发人员、管理者等多方智力资源。由于研究开发深度和水平所限，书中难免有疏漏之处，敬请广大读者批评指正。

赵俊三

2022 年 10 月于春城昆明

目　　录

第1章 平台简介

1.1 北斗卫星导航系统

1.1.1 系统概述

北斗卫星导航系统(以下简称北斗系统或 BDS)由空间段、地面段和用户段三部分组成。空间段包括若干地球静止轨道卫星、倾斜地球同步轨道卫星和中圆地球轨道卫星;地面段包括主控站、时间同步/注入站和监测站等若干地面站,以及星间链路运行管理设施;用户段包括北斗及兼容其他卫星导航系统的芯片、模块、天线等基础产品,以及终端设备、应用系统与应用服务等。

北斗系统具有以下特点:"一是空间段采用三种轨道卫星组成的混合星座,与其他卫星导航系统相比,高轨卫星更多,抗遮挡能力强,尤其在低纬度地区性能优势更明显;二是提供多个频点的导航信号,能够通过多频信号组合使用等方式提高服务精度;三是创新融合了导航与通信能力,具备基本导航、短报文通信、星基增强、国际搜救、精密单点定位等多种服务能力。"[1]

北斗系统当前的基本导航服务性能指标如下:

服务区域:全球。

定位精度:水平 10m、高程 10m(95%)。

测速精度:0.2m/s(95%)。

授时精度:20ns(95%)。

服务可用性:优于 95%。

其中,北斗系统在亚太地区,定位精度水平 5m、高程 5m(95%)。

1.1.2 建设规划

北斗卫星导航系统的建设受到党和政府的高度重视,自 20 世纪 80 年代开始探索适合我国国情的卫星导航系统发展道路，形成了"三步走"发展战略：

第一步，从 1994 年开始，启动了北斗一号系统工程建设；于 2000 年发射了 2 颗地球静止轨道卫星，建成系统并投入使用，系统采用有源定位体制，为中国用户提供定位、授时、广域差分和短报文通信服务；2003 年，又发射了第 3 颗地球静止轨道卫星，进一步增强系统性能。

第二步，从 2004 年开始，启动了北斗二号系统工程建设；于 2012 年年底前完成了 14 颗卫星(包括 5 颗地球静止轨道卫星、5 颗倾斜地球同步轨道卫星和 4 颗中圆地球轨道卫星)的发射组网。北斗二号系统在兼容北斗一号系统技术体制基础上，增加了无源定位体制，为亚太地区用户提供定位、测速、授时和短报文通信服务。

第三步，从 2009 年开始，启动了北斗三号全球卫星导航系统工程建设；在 2018 年完成了 19 颗卫星发射组网，完成了基本系统建设，开始面向全球提供服务；在 2020 年实现了 30 颗卫星发射组网，标志着北斗三号全球卫星导航系统全面建成。北斗三号全球卫星导航系统继承了北斗有源服务和无源服务两种技术服务体制，建立了高精度时间和空间基准，增加了星间链路运行管理设施，实现了基于星地和星间链路联合观测的卫星轨道和钟差测定业务处理，能够为全球用户提供基本导航(定位、测速、授时)、全球短报文通信、国际搜救服务，中国及周边地区用户还可享有区域短报文通信、星基增强、精密单点定位等服务。

1.1.3 应用现状

在开展北斗系统建设的同时，国家开始培育北斗卫星导航产业，以北斗系统应用开发为抓手，打造由基础产品、应用终端、应用系统和运营服务构成的产业链，持续加强北斗产业保障、推进和创新体系建设，不断改善产业环境，扩大应用规模，实现融合发展，提升卫星导航产业的经济效益和社会效益。

目前，北斗基础产品已实现自主可控，国产北斗芯片、模块等关键技术全面突破，性能指标与国际同类产品相当。多款北斗芯片实现规模化应用，工艺水平达到 28nm。截至 2018 年 12 月，国产北斗导航型芯片、模块等基础产品销量已突破 7000 万片，国产高精度板卡和天线销量分别占国内市场 30% 和 90% 的份额；"在全国范围内已建成 2300 余个北斗地基增强系统基准站，为用户提供基本服务，提供米级、分米级、厘米级的定位导航和后处理毫米级的精密定位服务。"[2]

自北斗系统提供服务以来，已在交通运输、农林渔业、水文监测、气象测报、通信时统、电力调度、地震预报、测量测绘、资源监测、救灾减灾、公共安全、科学研究与教育等多个领域得到广泛应用，融入国家核心基础设施，产生了显著的经济效益和社会效益。

北斗系统大众服务发展前景广阔。基于北斗的导航服务已被电子商务、移动智能终端制造、位置服务等厂商采用，广泛进入中国大众消费、共享经济和民生领域，深刻改变着人们的生产、生活方式。

1.1.4　政策保障

我国政府高度重视并全面推进国家卫星导航法治建设，积极推进《中华人民共和国卫星导航条例》立法进程，促进卫星导航产业发展。

2013 年，国务院办公厅印发的《国家卫星导航产业中长期发展规划》，从国家层面对卫星导航产业的中长期发展进行了总体部署，提供了宏观政策指导。2016 年，国务院新闻办公室发布的《中国北斗卫星导航系统》政府白皮书，详细阐释了北斗系统的发展目标与原则。

国家发展和改革委员会、科学技术部、工业和信息化部、农业农村部、交通运输部、公安部等主管部门，以及国内 30 多个省（自治区、直辖市）和地区出台了一系列推动北斗系统应用的政策文件和具体举措。

卫星导航是中国战略性新兴产业发展的重要领域，国家将进一步推动北斗系统与移动通信、云计算、物联网和大数据等技术的融合发展，促进卫星导航产业与高端制造业、先进软件业、综合数据业和现代服务业的融合发展，持续推进北斗应用与产业化发展，服务国家现代化建设和百姓日常生活，为全球科技、经济和社会发展作出贡献。

1.2　北斗 YNCORS

1.2.1　北斗 YNCORS 的建设背景

经过多年的探索实践，2018 年以来，我国自主研发的北斗卫星导航系统基本具备了全球服务能力。与此同时，随着计算机技术以及移动互联网技术的快速发展，人们对获取实时位置信息的需求不断增长，基于地理位置的信息服务技术也得到快速发展，并在城市管理、交通物流、手机打车、共享单车等领域得到广泛运用。而卫星导航定位系统，存在时钟同步、轨道确定、信号传播等多种因素引起的误差，大众用户在导航定位时，会面临定位不准的问题。这与人们日益增长的出行需求之间的矛盾越来越突出。此外，常规的卫星定位测量技术，也难以满足云南省国土空间资源管理、城乡规划、大型工程建设等相关行业对数据采集效率的要求。需求永远是推动技术创新发展的内在动力。面对政府部门、各行各业、社会大众等不同用户群体对高精度定位服务的需求，云南省综合卫星定位服务系统(Yunnan Continuous Operational Reference System，YNCORS)应运而生。

1.2.2 北斗YNCORS的建设原则

北斗YNCORS的建设原则如下：

(1)统筹协调，科学规划。云南省测绘地理信息局会同省发展和改革委员会(以下简称省发改委)、省财政厅等有关部门，根据各市(州)的需求，对全省卫星导航定位基准站网建设进行统一规划，统筹协调，提高资金使用效率。

(2)需求引导，重点推进。以实际需求为导向，根据各市(州)社会经济发展、信息化水平等情况，有选择地逐步重点推进建设任务。

(3)统一标准，资源共享。不断整合已有的综合卫星定位服务系统(CORS)资源，按照统一标准进行建设，为各行各业提供统一的基准服务，实现资源共享和广泛应用。

(4)科技创新，保障服务。大力加强CORS技术人才培养，在建设过程中不断提升自主创新能力，提高测绘科技装备水平，不断增强测绘保障服务能力。

1.2.3 北斗YNCORS的建设历程

北斗YNCORS作为云南省基础测绘"十二五"规划的重点项目之一，根据《云南省人民政府办公厅关于加强卫星定位连续运行参考站网建设及使用管理的通知》(云政办发〔2010〕16号)要求，结合云南省实际情况，确定了"统一规划、分市(州)、分批次"建设的方案。在云南省测绘地理信息局的推动下，自2010年开始，全省16个市(州)的CORS建设项目陆续完成了基准站站址勘选、项目设计、基础设施建设、软硬件安装调试、坐标联测、似大地水准面精化、组网试运行、北斗升级改造等工序，最终建成了由220个卫星导航定位基准站、1个省级中心、16个市(州)级分中心构成的云南省综合卫星定位服务系统(YNCORS)。

YNCORS的建设历程，包括立项、构造设计及具体建设三个方面。

1. 立项过程

(1)2010年11月，编制《云南省综合卫星定位服务系统(YNCORS)建设项目可行性研究报告》。2011年7月通过省发改委组织的专家评审。

(2)2011年12月，省发改委印发《云南发展和改革委员会关于综合卫星定位服务系统建设项目可行性研究报告的批复》(云发改地区〔2011〕3051号)。

(3)2012年8月，编写《云南省综合卫星定位服务系统(YNCORS)建设项目初步设计》。2012年11月，通过省发改委组织的专家评审。

(4)2013 年 1 月，省发改委印发《云南发展和改革委员会关于综合卫星定位服务系统建设项目初步设计的批复》(云发改地区〔2013〕24 号)。

2. 构造设计

云南省综合卫星定位服务系统(YNCORS)，是卫星定位技术、计算机网络技术、数字通信技术等高新科技多方位、深度融合的产物，主要由卫星导航定位基准站网、控制中心和用户应用系统组成，各部分之间通过数据通信网络连成一体。YNCORS 的构造设计如图 1-1 所示。

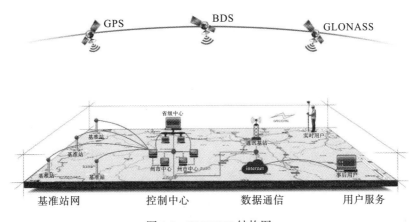

图 1-1 YNCORS 结构图

3. 具体建设

2011 年 12 月，云南省开始第一个市(州)级分中心——红河哈尼族彝族自治州(以下简称红河州)区域 CORS 的建设，到 2017 年 12 月怒江傈僳族自治州(以下简称怒江州)和昭通市区域 CORS 建设完成。历时 8 年，最终建成了由 220 个卫星导航定位基准站、1 个省级中心、16 个市(州)级分中心构成的云南省综合卫星定位服务系统(YNCORS)。具体建设历程如下。

(1)红河州：2017 年 12 月，建成了 19 个基准站和 1 个州级分中心，建立了基于 CGCS2000 的地方坐标系，完成了区域似大地水准面精化。

(2)昆明市：2011 年 11 月，建成了 14 个基准站和 1 个市级分中心，建立了基于 CGCS2000 的地方坐标系，完成了区域似大地水准面精化。

(3)文山壮族苗族自治州(以下简称文山州)：2013 年 3 月，建成了 20 个基准站和 1 个州级分中心，建立了基于 CGCS2000 的地方坐标系，完成了区域似大地水准面精化。

（4）玉溪市：2013年12月，建成了14个基准站和1个市级分中心，建立了基于CGCS2000的地方坐标系，完成了区域似大地水准面精化。

（5）楚雄彝族自治州（以下简称楚雄州）：2015年10月，建成了14个基准站和1个州级分中心，建立了基于CGCS2000的地方坐标系，完成了区域似大地水准面精化。

（6）保山市：2015年12月，建成了11个基准站和1个市级分中心，建立了基于CGCS2000的地方坐标系，完成了区域似大地水准面精化。

（7）德宏傣族景颇族自治州：2015年12月，建成了11个基准站和1个州级分中心，建立了基于CGCS2000的地方坐标系，完成了区域似大地水准面精化。

（8）普洱市：2016年7月，建成了19个基准站和1个市级分中心，建立了基于CGCS2000的地方坐标系，完成了区域似大地水准面精化。

（9）大理白族州：2016年12月，建成了14个基准站和1个州级分中心，建立了基于CGCS2000的地方坐标系，完成了区域似大地水准面精化。

（10）丽江市：2017年4月，建成了8个基准站和1个市级分中心，建立了基于CGCS2000的地方坐标系，完成了区域似大地水准面精化。

（11）临沧市：2017年6月，建成了12个基准站和1个市级分中心，建立了基于CGCS2000的地方坐标系，完成了区域似大地水准面精化。

（12）曲靖市：2017年7月，建成了17个基准站和1个市级分中心，建立了基于CGCS2000的地方坐标系，完成了区域似大地水准面精化。

（13）西双版纳傣族自治州（以下简称西双版纳州）：2017年8月，建成了12个基准站和1个州级分中心，建立了基于CGCS2000的地方坐标系，完成了区域似大地水准面精化。

（14）迪庆藏族自治州：2017年11月，建成了12个基准站和1个州级分中心，建立了基于CGCS2000的地方坐标系，完成了区域似大地水准面精化。

（15）怒江州：2017年12月，建成了10个基准站和1个州级分中心，建立了基于CGCS2000的地方坐标系，完成了区域似大地水准面精化。

（16）昭通市：2017年12月，建成了13个基准站和1个市级分中心，建立了基于CGCS2000的地方坐标系，完成了区域似大地水准面精化。

1.2.4 北斗YNCORS的基本功能

北斗YNCORS的建设，"要求满足城市控制测量、地形测量、工程测量、市政工程测量；兼顾水工建筑物及水下地形测量、地面沉降监测、生态环境监测、地籍及土地变更测量、城市综合管理、交通运输管理、国土资源管理、能源开发、农林资源管理、防灾减灾等部门对于各种精度定位的需要。"[3]YNCORS具有以下功能：

（1）基准站应具备实时进行卫星定位数据跟踪、采集、记录、设备完好性监测等功能。

（2）通信网络应具备将基准站观测数据实时传输至管理中心，将管理中心的 RTK 差分数据实时发送给用户，并还能将基准站静态数据发送给特许用户。

（3）管理中心应实现对各基准站的远程监控，并对定位数据进行分析、处理、存储；系统建模，差分数据生成、传输、记录；数据管理、维护和分发等功能。

（4）服务中心应实现对用户进行管理的功能，包括：用户注册、登记、撤销、查询、权限管理等。

1.3　北斗 YNCORS+地理信息服务平台

1.3.1　建设背景

近年来，基于全球导航卫星系统（GNSS）的位置服务，已在车辆导航、车辆监控、特殊人群监护、贵重物品追踪等方面得到广泛的应用，并且应用范围仍在不断扩大，具有非常大的发展潜力。"随着我国第二代北斗卫星导航系统的不断成熟与完善，支持北斗信号的终端产品也逐渐实现从军用领域到民用领域的覆盖，如何充分利用北斗卫星导航系统的优势，将其与地理信息服务紧密融合并发挥支撑作用，对于北斗卫星导航系统的应用、推广及完善等都有非常重大的意义。"[4]

地理信息服务除了需要北斗等卫星导航系统的支撑外，还需要一个功能强大的服务平台才能具体实现。"目前，基于 GNSS 的地理信息服务平台已有比较广泛的应用，而基于北斗系统的相应服务仍未形成规模。在国内外已有的位置服务平台中，也多是功能较单一的服务平台且比较依赖终端性能。"[5]本书以北斗 YNCORS 为支撑，设计并实现一个地理信息服务平台，满足多用户的连接，向用户提供位置监控、轨迹回放、电子围栏以及健康监测、运动监测等多功能的地理信息服务，并有一套自定义的内部服务协议支持后续多功能的扩展；在一些特殊情况下，还可以充分利用北斗系统特有的短报文功能，实现高可靠、强实时且不受国际环境变化影响的救援、指挥等功能，丰富北斗系统在地理信息服务领域的应用实例，进一步推动北斗 YNCORS 的应用拓展。

1.3.2　建设概况

云南省综合卫星定位服务系统（YNCORS）由云南省发展和改革委员会批准建设，是云南省基础测绘"十二五"规划重点建设项目之一，是全省重要的空间信息基础设施。为加快北斗卫星导航技术在云南省地理信息领域的深化应用，充分发挥北斗卫星导航技术在防灾减灾以及地理国情监测方面的应用，利用北斗天线阵列技术实现地质灾害监测的实时动态数字化，云南省基础测绘技术中心策划并实施了"北斗 YNCORS+地理信息服务应用研究（一期）"项目（以下简称一期项目）。一期项目遵照卫星导航定位基准站的数据安全保密性规定，以为物流、交通、农业、旅游、应急等云南省北斗相关产业所使用的大量终端提供高并发的 RTD 服务为目标，改善现有 YNCORS 平台受到用户容量、网络架构、服务设备等限制的问题，保障云南省北斗用户能够稳定接入和使用 YNCORS 的各项服务，我们研究开发了基于北斗 YNCORS+地理信息服务平台。

基于北斗 YNCORS+地理信息服务平台主要完成项目服务端的数据采集、解算、发布任务，由北斗 YNCORS 基准站子系统、天地图地理信息服务子系统、平台管理与控制子系统、数据通信子系统、应用发布子系统和用户子系统六个核心子系统组成。各子系统工作内容和构成见表1-1。

表 1-1　基于北斗 YNCORS+地理信息服务平台构成

系统名称	主要工作内容	系统构成
北斗 YNCORS 基准站子系统	北斗等卫星信号的跟踪、捕获、采集与传输；设备完好性监测等	由 220 个基准站（含 GNSS 接收机、天线、UPS 等）构成
天地图地理信息服务子系统	地理信息数据处理、标准化、发布；地理信息服务转发等	服务器、路由器、交换机、存储设备、数据管理软件、数据发布软件、数据库
平台管理与控制子系统	数据分流与处理；系统管理与维护；天地图调用及管理	服务器、网络设备、数据通信设备、电源设备、数据分流软件、数据处理软件、数据解算软件
数据通信子系统	把北斗基准站观测数据、天地图地理信息传输至平台管理与控制中心	数据传输专线
	把系统差分数据、地理信息等传输至用户	固定 IP 的互联网专线
应用发布子系统	完成差分信息编码、形成差分信息队列、进行用户管理	服务器、应用发布软件
用户子系统	按照用户需求进行不同精度定位	接收终端设备、数据通信终端、软件系统

根据一期项目任务书要求，分析现有基础资源，开发设计了可稳定运行的数据解算和用户服务综合管理平台，并完成了北斗 YNCORS 与"天地图·云南"的接入、发布和服务，开发了应用 App，如图 1-2 所示。

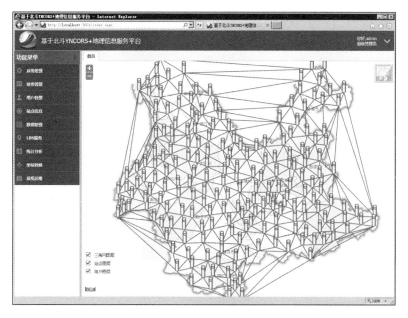

图 1-2 基于北斗 YNCORS+地理信息服务平台主界面截图

一期项目还建设了相关的硬件和网络基础设施，具体设备拓扑结构如图 1-3 所示。

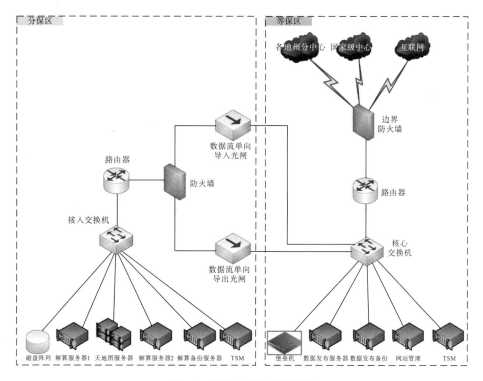

图 1-3 硬件设备拓扑结构图

在一期项目顺利完成之后，为更好地推广北斗 YNCORS+地理信息服务平台，在平台与行业应用之间搭建一个便捷的开发环境中间件（Software Development Kit，SDK），我们又策划并实施了"北斗 YNCORS+地理信息服务应用研究（二期）"项目（以下简称二期项目），获得了 2016 年云南省科学技术厅重大科技专项计划的支持。

1.3.3　资源现状

一期项目所提供的地理信息数据成果以"天地图"平台为基础，目的在于促进地理信息资源共享和高效利用，提高测绘地理信息的公共服务能力和水平，改进测绘地理信息成果的服务方式，更好地满足国家信息化建设的需要，为社会公众的工作和生活提供方便。二期项目引入北斗 YNCORS，结合"天地图·云南"，一方面，提供高精度的地理信息位置服务，可以为政府管理、产业发展、防灾减灾、资源监测保护、行业运用、基础测绘等提供支撑；另一方面，可以拓展"天地图"的应用范围，推动"天地图"成为政府服务的公益性平台、产业发展的基础平台、方便群众的服务平台。

"天地图·云南"于 2012 年 10 月 30 日接入国家主节点正式上线运行，由于数据生产总量大、生产成本投入高、资金不足等因素的影响，数据更新速度已满足不了现在行业运用的需求，具体情况如表 1-2 所示。

表 1-2　项目建设前天地图·云南地理信息数据情况

数据类型	资源分类	数据格式	比例尺/分辨率	数据现势性	数据级	数据覆盖区域
影像	云南影像注记服务	瓦片	1∶10000~1∶5000	2012—2014 年	7~17	除昆明外云南全境
				2014/04	7~17	昆明市
	云南影像地图服务	瓦片	县城区域（92 个 0.5m，13 个 2.0m），其他区域 2.5m	2012—2013 年	7~17	除昆明外云南全境
			市区 0.5m，其他 2.5m	2014/04	7~17	昆明市
	云南影像道路服务	瓦片	1∶10000~1∶5000	2012—2015 年	7~17	除昆明外云南全境
				2014/04	7~17	昆明市

续表

数据类型	资源分类	数据格式	比例尺/分辨率	数据现势性	数据级	数据覆盖区域
电子地图	云南电子地图服务	瓦片	1：10000～1：5000	2015 年	7～17	昆明市
						楚雄州
						曲靖市
						红河州
						玉溪市
						文山州
						保山市
						西双版纳州
				2013—2014 年	7～17	其他区域
	云南电子地图注记服务	瓦片	1：10000～1：5000	2015 年	7～17	昆明市
						楚雄州
						曲靖市
						红河州
						玉溪市
						文山州
						保山市
						西双版纳州
				2013—2014 年	7～17	其他区域
地形地图	云南地形地图服务	瓦片	1：10000～1：5000	2012—2013 年	7～17	除昆明外云南全境
				2014/04	7～17	昆明市
POI	云南兴趣点查询服务	矢量	—	2013 年	—	云南全境
			—	2015 年	—	云南全境
路网	云南路网分析服务	矢量	—	2015 年	—	云南全境

"天地图·云南"平台原有数据的现势性无法满足行业用户的分析利用需求,一期项目在原有"天地图·云南"数据的基础上,进行了大量的数据更新和补充工作,依照《国家地理信息公共服务平台(1：400 万)～(1：5 万)地理实体数据整合技术要求》(20100201：试行稿)进行数据的整合处理,按照《国家地理信息公共服务平台公共地理框架数据电子地图数据规范》(20100921：试行稿)进行地图的分级切片,经过生产研究,形成的地理信息服

务成果和地理信息服务调用情况见表1-3和表1-4。

表1-3　一期项目地理信息服务成果

序号	测试点名称	并发用户数	99%响应时间/ms	平均响应时间/ms	URL
1	国家天地图矢量地图注记	≤15000	≤1500	≤1500	链接
2	国家天地图矢量地图数据	≤15000	≤1500	≤1500	链接
3	国家天地图影像地图数据	≤15000	≤1500	≤1500	链接
4	国家天地图影像地图注记	≤15000	≤1500	≤1500	链接
5	云南天地图影像	≤10000	≤1500	≤1500	链接
6	云南天地图电子地图	≤10000	≤1500	≤1500	链接
7	云南天地图　电子地图注记	≤10000	≤1500	≤1500	链接
8	云南天地图影像地图注记	≤10000	≤1500	≤1500	链接
9	云南天地图　云南地形	≤10000	≤1000	≤1000	链接
10	北斗研究路网	≤10000	≤1000	≤1000	链接
11	北斗研究 POI	≤10000	≤1000	≤1000	链接
12	北斗研究地图注记(内网)	≤10000	≤1000	≤1000	链接
13	北斗研究地图服务(内网)	≤10000	≤1000	≤1000	链接
14	北斗研究影像地图服务(内网)	≤10000	≤1000	≤1000	链接
15	北斗研究高精度影像服务(内网)	≤10000	≤1000	≤1000	链接

表1-4　地理信息服务调用预览

序号	服务名称	数据规模	级别	北斗一期技术指标	服务发布技术指标
1			1	1. 实现全省 17 级（1：10000 ～ 1：5000)]电子地图、电子地图注记、地形地图、影像地图注记、影像道路服务	1. 为保障影像数据质量，影像数据生产实现 18 级全省覆盖
2	天地图·云南影像服务	187GB	8	2. 能够提供县城区域(92 个 0.5m，13 个 2.0m)，其他区域 2.5m 分辨率影像地图服务和至乡镇级的路网分析服务	2. 能够提供县城区域(92 个 0.5m，13 个 2.0m)，其他区域 2.5m 分辨率影像地图服务和至乡镇级的路网分析服务

续表

序号	服务名称	数据规模	级别	北斗一期技术指标	服务发布技术指标
3	天地图·云南影像服务	187GB	18	1. 实现全省 17 级（1：10000 ~ 1：5000)]电子地图、电子地图注记、地形地图、影像地图注记、影像道路服务 2. 能够提供县城区域（92 个 0.5m，13 个 2.0m），其他区域 2.5m 分辨率影像地图服务和至乡镇级的路网分析服务	1. 为保障影像数据质量，影像数据生产实现 18 级全省覆盖 2. 能够提供县城区域（92 个 0.5m，13 个 2.0m），其他区域 2.5m 分辨率影像地图服务和至乡镇级的路网分析服务
4	天地图·云南高精度影像服务	2.79TB	1		
5	天地图·云南高精度影像服务	2.79TB	8	1. 实现全省 17 级（1：10000 ~ 1：5000)电子地图、电子地图注记、地形地图、影像地图注记、影像道路服务 2. 能够提供县城区域（92 个 0.5m，13 个 2.0m），其他区域 2.5m 分辨率影像地图服务和至乡镇级的路网分析服务	1. 为保障影像数据质量，影像数据生产实现 18 级全省覆盖 2. 能够提供县城区域（92 个 0.5m，13 个 2.0m），其他区域 2.5m 分辨率影像地图服务和至乡镇级的路网分析服务
6			18		
7	天地图·云南电子地图服务	22GB	1	1. 实现全省 17 级（1：10000 ~ 1：5000)电子地图、电子地图注记、地形地图、影像地图注记、影像道路服务 2. 能够提供县城区域（92 个 0.5m，13 个 2.0m），其他区域 2.5m 分辨率影像地图服务和至乡镇级的路网分析服务	1. 为保障影像数据质量，影像数据生产实现 18 级全省覆盖 2. 能够提供县城区域（92 个 0.5m，13 个 2.0m），其他区域 2.5m 分辨率影像地图服务和至乡镇级的路网分析服务
8			8		
9	天地图·云南电子地图服务	22GB	17	1. 实现全省 17 级（1：10000 ~ 1：5000)电子地图、电子地图注记、地形地图、影像地图注记、影像道路服务 2. 能够提供县城区域（92 个 0.5m，13 个 2.0m），其他区域 2.5m 分辨率影像地图服务和至乡镇级的路网分析服务	1. 为保障影像数据质量，影像数据生产实现 18 级全省覆盖 2. 能够提供县城区域（92 个 0.5m，13 个 2.0m），其他区域 2.5m 分辨率影像地图服务和至乡镇级的路网分析服务
10	天地图·云南电子地图注记服务	7.22GB	1		

序号	服务名称	数据规模	级别	北斗一期技术指标	服务发布技术指标
11	天地图·云南电子地图注记服务	7.22GB	8	1. 实现全省17级（1：10000～1：5000）电子地图、电子地图注记、地形地图、影像地图注记、影像道路服务 2. 能够提供县城区域（92个0.5m，13个2.0m），其他区域2.5m分辨率影像地图服务和至乡镇级的路网分析服务	1. 为保障影像数据质量，影像数据生产实现18级全省覆盖 2. 能够提供县城区域（92个0.5m，13个2.0m），其他区域2.5m分辨率影像地图服务和至乡镇级的路网分析服务
12			17		
13	路网及POI服务	895MB（其中路网数据169MB，POI数据726MB）	1	1. 实现全省17级（1：10000～1：5000）电子地图、电子地图注记、地形地图、影像地图注记、影像道路服务 2. 能够提供县城区域（92个0.5m，13个2.0m），其他区域2.5m分辨率影像地图服务和至乡镇级的路网分析服务	1. 为保障影像数据质量，影像数据生产实现18级全省覆盖 2. 能够提供县城区域（92个0.5m，13个2.0m），其他区域2.5m分辨率影像地图服务和至乡镇级的路网分析服务
14			8		
15	路网及POI服务	895MB（其中路网数据169MB，POI数据726MB）	18	1. 实现全省17级（1：10000～1：5000）电子地图、电子地图注记、地形地图、影像地图注记、影像道路服务 2. 能够提供县城区域（92个0.5m，13个2.0m），其他区域2.5m分辨率影像地图服务和至乡镇级的路网分析服务	1. 为保障影像数据质量，影像数据生产实现18级全省覆盖 2. 能够提供县城区域（92个0.5m，13个2.0m），其他区域2.5m分辨率影像地图服务和至乡镇级的路网分析服务

第 2 章　北斗 YNCORS SDK 概述

2.1　北斗 YNCORS SDK 背景

北斗 YNCORS SDK 是在一期项目已建成的基础平台上搭建行业应用与基础平台间的桥梁，使用户能够更方便、更快捷地使用平台数据，使平台能够服务于更多的行业。

在整个项目的结构中，一期建设的基础平台集成天地图·云南平台地理信息数据、北斗 YNCORS 平台位置信息数据以及针对各行业特殊需求的增值数据，通过直接推送数据服务的方式为北斗行业应用提供服务。北斗 YNCORS+地理信息服务 SDK 在行业应用与基础平台间构建起了桥梁，其总体层次结构如图 2-1 所示。通过封装好的 SDK，行业用户将不需过多地了解基础平台数据服务的具体细节，就能直接使用平台发出的服务，使用户能够更加专注于自己专题应用的开发工作。

北斗 YNCORS+地理信息服务 SDK 基于一期平台所提供的服务进行封装，实现对移动端应用开发的支持，它提供包括地图浏览、位置定位、导航服务、地理处理、信息查询等模块接口；能够运用于 Android/iOS 应用开发；支持接口复用；能够自动匹配并解析通用标准协议及用户自己约束的特殊协议；最大化消除应用运行平台间的差异，保证程序的可移植性，节约成本，缩短研究成果与产品间的距离。

北斗 YNCORS+地理信息服务 SDK 从结构上应分为三个部分：自动匹配协议池、核心服务接口组和管理维护服务接口组。具体设计上，将以上三个部分进一步细分，减少内部接口间的耦合度，开放部分外部接口，提供协议解析模板，以满足不同行业的要求。北斗 YNCORS+地理信息服务 SDK 介于上层应用程序与平台服务之间，为行业及个人用户提供便捷的平台应用开发工具。

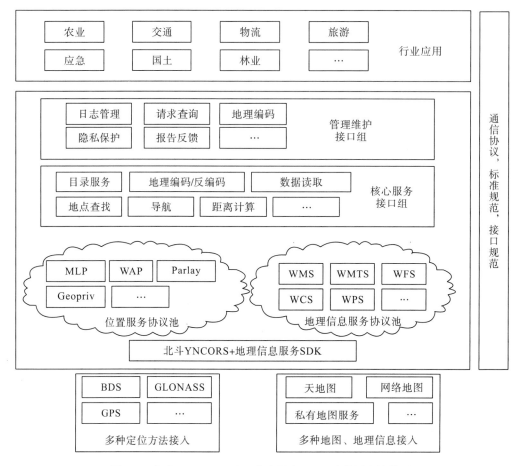

图 2-1　北斗 YNCORS+地理信息服务 SDK 总体层次结构图

2.2　北斗 YNCORS SDK 用户

北斗 YNCORS+地理信息服务平台中间件 SDK 是一套基于 Android 4.0/iOS 8.0 及以上版本设备的应用程序接口。使用 SDK 开发适用于 Android 系统、iOS 移动设备的地图应用，通过调用地图 SDK 接口，可以轻松访问"天地图"、百度地图、高德地图、腾讯地图的服务和数据，构建功能丰富、交互性强的地图类应用程序。

SDK 免费对外开放，接口使用无次数限制。在使用前，需先申请北斗 YNCORS+地理信息服务平台中间件 SDK、百度地图、高德地图的密钥。北斗 YNCORS+地理信息服务平台中间件 SDK 提供给具有一定 Android 和 iOS 编程经验和了解面向对象概念的读者使用，读者还应该对地图的基本知识有一定了解。

2.3 北斗 YNCORS SDK 总体功能

SDK 按业务功能划分为：协议池模块、管理维护模块、核心服务模块及多种地图模块，每个业务模块下都包括了详细功能操作。具体系统架构图和功能说明如图 2-2 所示。

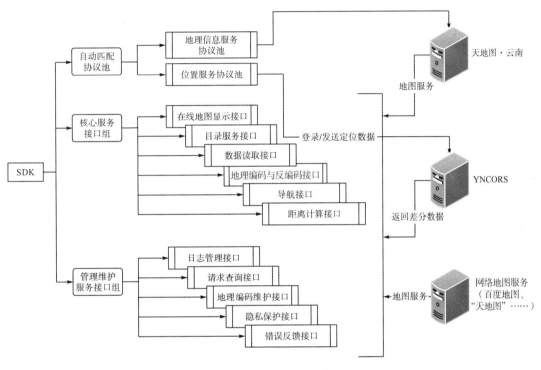

图 2-2   SDK 总体功能结构图

2.3.1   自动匹配协议池

北斗 YNCORS+地理信息服务 SDK 的自动匹配协议池包含两个方面的内容：一是位置服务协议池，该协议池通过匹配传入的位置信息特征，采用不同的位置服务协议来解析各种各样的位置数据，降低行业应用开发过程中不必要的设计和编码成本；二是地理信息服务协议池，该协议池通过匹配传入的地图服务特征，配置相对应的地图服务协议解析接口，自动解析各种地图服务。同时，规范一个协议解析模板，供用户扩展解析自己私有的，或者协议池中未加入的协议。

协议池的构建能有效排除繁多的定位协议和地图协议在 LBS 和 GIS 应用开发过程中对应用开发本身的干扰。例如，百度、高德、腾讯等网络地图数据服务商的地图服务只能通过对应的 API 读取和解析, 若有应用需要使用多个厂商提供的地图, 应用将因此变得非常臃肿, 开发者不得不导入过多的无用运行库; 再如, 当应用存在不同终端的用户时, 开发者需要针对每一种终端进行烦琐的判断和选择, 在每一个具体的终端上都会出现大量的冗余性逻辑计算, 大大增加了应用对终端的性能开销和代码冗余。构建协议池后 SDK 的使用者——其他行业的开发者能够更加专注于产品的设计和功能的实现, 而不必再费尽心思地处理位置数据和地图数据的读取和解析、用户应用终端的型号识别匹配问题。实际操作中, 用户只需向标准化的接口中传入需要解析的服务地址, 就能自动匹配或由用户自己指定一个对应的协议解析器进行服务解析, 并智能化判断用户终端, 大大降低了性能消耗和开发成本。

2.3.2 核心服务接口组

核心服务接口组包括: 在线地图显示接口、目录服务接口、地理编码与反编码接口、数据读取接口、导航接口和距离计算接口。

(1)在线地图显示接口。通过移动端 SDK 可快速访问天地图服务器产品以及天地图云服务发布的地图服务、数据服务和功能服务, 将在线服务与离线功能结合应用, 扩展了移动终端的数据来源和功能范围。同时天地图 SDK 也提供快速定制实现移动终端、服务器端以及其他终端之间的数据交互、同步和更新, 满足移动应用对信息交互的需求。支持开放地理空间信息联盟(Open Geospatial Consortium, OGC)服务、天地图服务、百度地图等公开地图服务。

(2)目录服务接口。目录服务是指 SDK 提供给用户的服务目录, 使用户可以按一定的机制来访问 SDK 的资源, 能快速了解 SDK 提供了哪些服务。

(3)地理编码与反编码接口。地理编码是指将地址信息建立空间坐标关系的过程, 又可分为正向地理编码和反向地理编码。正向地理编码是将结构化地址(省/市/区/街道/门牌号)解析为对应的位置坐标。地址结构越完整, 地址内容越准确, 解析的坐标精度越高。反向地理编码是将地址坐标转换为标准地址的过程。反向地理编码提供了坐标定位引擎, 帮助用户通过地面某个地物的坐标值来反向查询得到该地物所在的行政区划、所处街道以及最匹配的标准地址信息。通过丰富的标准地址库中的数据, 可帮助用户在移动端查询、商业分析、规划分析等领域创造无限价值。

(4)数据读取接口。SDK 可以根据用户的输入参数, 返回地图或位置数据。地图数据可以是栅格形式的地图, 也可以是特定格式的矢量数据, 位置数据的格式可以由用户在模板中指定。同时, SDK 需要满足配合用户接入应用中的地理编码服务实现地点查找、匹配、空间内容获取等功能。核心服务接口组的外部接口除了提供预定义接口外, 还提供接口模板及开放的源代码，以供有不同需求的应用程序使用。

（5）导航接口。导航可以分析两点间的最佳路径并模拟导航显示；也可以直接设定终点，分析当前位置到终点的最佳路径，并根据行进位置进行导引。SDK 支持通过调用高精度地图服务以及北斗 YNCORS 服务提供亚米级高精度导航定位服务。导航功能内置提供了语音导航。支持多样化的路径分析功能，如推荐时间最快路径、距离最短路径和最少收费路径，以满足不同的需求。

（6）距离计算接口。根据用户指定的两个或多个坐标点，计算这两个或多个点的实际地理距离。

2.3.3　管理维护服务接口组

管理维护服务接口组包括：日志管理接口、请求查询接口、地理编码维护接口、隐私保护接口和错误反馈接口。

（1）日志管理接口。SDK 用户在进行二次开发时，可以通过日志的形式记录开发错误日志和有关定位信息使用日志等，并可以进行错误反馈，使这些信息在有条件时传输到指定的服务器中，便于 SDK 后期的维护管理。

（2）请求查询接口。SDK 可以通过数据请求和返回的时长确定服务质量，使开发者不再被动地通过后端服务商提供的复杂的服务管理工具来管理服务的分发问题，而是直接在前端通过自己设计的逻辑进行服务的管理，有利于完全屏蔽应用前端、行业后端和服务器供应后端三者间的技术细节，实现彻底的分层式应用设计，同时还有利于开发者利用前端剩余机能来对应用本身进行管控，极大降低了日益沉重的后端压力。

（3）地理编码维护接口。SDK 支持用户特有的地理编码重编码。SDK 平台本身当然也提供自己的地理编码服务，但对于大多数用户来说，经常会出现不得不处理具有特殊含义的地点的问题，这时用户发布自己私有的地理编码服务成本会变得非常高。SDK 设计的地理编码维护接口除了能读取各种形式的地理编码服务外，还能处理规模较小的、通过文件形式虚拟的地理编码服务，用户只需把需要重编码的地点写在一个 XML 文件中，就能实现虚拟地理编码服务。

（4）隐私保护接口。SDK 可调用本地端加密的地图服务，通过使用桌面 GIS 软件对数据加密，可以确保在 SDK 端对数据的隐私进行保护。同时可以对应用用户的个人隐私进行保护。通过构建隐私保护的接口，赋予开发者在应用前端拥有对地图服务和位置服务的管理、隐蔽、伪装和控制能力。

（5）错误反馈接口。SDK 提供意见反馈接口，用户可以调用这个接口向服务器发送自己发现的 SDK 使用中的错误和需要改进的意见，后台管理员可据此对 SDK 做进一步的修改。

2.4　SDK 开发相关技术基础

2.4.1　GIS 与中间件

随着我国 GIS 应用研究的逐步深入和应用领域的持续拓展，地理信息资源的种类和内容不断增加，地理信息共享的重要性日益凸显。实现地理信息共享的根本解决办法是实现多源地理信息的互操作。[6]多源地理信息互操作又面临涉及领域范围广泛、信息资源分散，且不同的系统管理、各种平台和系统之间数据模型和数据结构差异性巨大等诸多问题。中间件技术可以屏蔽各种复杂的技术细节使问题透明化，成为了解决多源地理信息互操作问题的关键技术手段。

根据国际数据公司(IDC)的定义，中间件是一种独立的系统软件或服务程序，分布式应用借助这种技术在不同的平台和系统之间实现共享资源，它位于客户服务器的操作系统之上，管理计算资源和网络通信。可以看出，中间件指位于操作系统包括基本通信协议和通过网络交互的分布式应用组件之间特殊的软件层。它隐藏了计算机体系结构、操作系统、编程语言和网络技术等方面的异构性，将复杂的协议处理、分割的内存空间、数据复本、网络故障、并行操作等问题与应用程序隔离开来，为上层应用软件提供运行与开发的环境，帮助用户灵活、高效地开发和集成复杂的应用软件。[7]

一般认为，中间件具有以下特点：

(1)标准的协议和接口；

(2)分布计算，提供网络、硬件、操作系统透明性；

(3)满足大量应用的需要；

(4)能运行于多种硬件和操作系统平台。

中间件技术扩展了客户服务器的结构，形成了一个包括客户、中间件和服务器在内的三层结构或多层结构，能够衔接网络上应用系统的各个部分或不同的应用，已达到资源共享、功能共享的目的。目前，中间件已成为构建现代分布式应用、集成系统不可缺少的部分，是推动 GIS 应用向纵深领域推进的重要引擎。

2.4.2　面向对象技术

面向对象(Object Oriented, OO)是指一种程序设计范式，同时也是一种程序开发的方法。它以类和对象为研究目标，将类作为程序的基本单元，把对象作为类的集合，将程序和数据封装其中，以提高软件的重用性、灵活性和扩展性。面向对象是一种对现实世界理解和抽象的方法，是计算机编程技术发展到一定阶段后的产物。通过面向对象的方式，将现实世界中的事物抽象成对象，将现实世界中的关系抽象成类、继承，帮助人们实现对现实世界的抽象与数字建模。通过面向对象的方法，更利于用人类理解的方式对复杂系统进行分析、设计与编程，同时，面向对象能有效提高编程的效率。

面向对象的概念和应用已超越了程序设计和软件开发，扩展到如数据库系统、交互式界面、应用结构、应用平台、分布式系统、网络管理结构、CAD 技术、人工智能等领域。面向对象技术一直是软件业努力追求的目标。面向对象是指从客观存在的事物出发，对问题空间进行自然分割，构造解决问题的方法空间，其目的是以更接近人类普遍思维的方式建立问题领域的模型并进行结构模拟和行为模拟，从而使设计出的软件能尽可能地直接表现出问题的求解过程。面向对象的技术核心在于继承，是面向对象独有的方法。在继承关系中，子类的属性和方法依赖于父类的属性和方法。继承是父类定义子类，再由子类定义其子类，一直定义下去的一种工具。继承减少了数据的冗余，并能保证数据的一致性和完整性。基于面向对象技术的中间件无论是可扩充性还是可重用性都具有相当的优势，它提供了统一的构件框架，使不同软件之间的交互成为可能。

2.4.3 面向接口编程

面向接口编程(Interface-Oriented Programming，IOP)，就是软件系统不同组成部分衔接的约定。随着软件规模的日益庞大，我们需要把复杂系统划分成小的组成部分，编程接口的设计十分重要。程序设计实践中，编程接口的设计首先要使系统的职责得到合理划分。良好的接口设计可以降低系统各部分的相互依赖度，提高组成单元的内聚性，降低组成单元间的耦合程度，从而提高系统的维护性和扩展性。在一个面向对象的系统中，系统的各种功能是由许许多多不同对象协作完成的。在这种情况下，各个对象内部是如何实现自己的，对系统设计人员来讲就不那么重要；而各个对象之间的协作关系则成为系统设计的关键。小到不同类之间的通信，大到各模块之间的交互，在系统设计之初都要着重考虑，这也是系统设计的主要工作内容。面向接口编程就是指按照这种思想来编程。

2.4.4 设计模式

设计模式(Design Pattern)是一套被反复使用、多数人知晓、经过分类编目且具有代码设计经验的总结。它代表了面向对象开发的最佳实践，通常被有经验的面向对象的软件开发人员所采用。从本质上来说，设计模式是软件开发人员在软件开发过程中面临一般问题的通用解决方案，这些解决方案是众多软件开发人员经过相当长时间的实践总结出来的。使用设计模式是为了重用代码，让代码更容易被他人理解，保证代码可靠性。设计模式是

21

软件工程的基石，如同大厦的地基一样，项目中合理地运用设计模式可以完美地解决很多问题。每种模式在现实中都有相应的原理与之对应，每种模式都描述了一个在我们周围不断重复发生的问题，以及该问题的核心解决方案，这也是设计模式能被广泛应用的原因。

　　将优秀的软件设计经验应用到 SDK 中间件的设计过程中，对提高软件系统的复用性有很大帮助，也为软件设计提供了一种可用标准。创建型模式可以把系统使用的类信息封装起来，系统创建新对象时只需要调用接口，并且可以决定对象的创建者、创建方式以及对象本身。其创建型模式有 Singleton（单件类）、Builde（生成器）、Factory（工厂类）、Prototype（原型类）、Abstract Factory（抽象工厂）等。在设计 GIS 中间件的过程中，必须有广泛的系统兼容性，而不能只针对某一种特定的系统，并且应该尽量避免系统重构，保持系统原有的稳定性。创建型模式在设计时定义一个虚拟的只包含方法说明的 AbstractLayerFactory 接口，在 ConcreteLayerFactory 中进行实现、重载或动态联编。SDK 中间件需要系统地对多种基础 GIS 软件平台提供支持。使用创建型模式中的抽象工厂模式，可以保证系统能够根据客户端用户的需要创建图层和图元实例，客户端则通过调用抽象接口的方法返回相应的图元或图层对象。调用者无须了解创建具体类的流程和方法。

　　以工厂方法模式（Factory Method）为例，其实现方式见图 2-3，它通过定义一个创建产品对象的工厂接口，将实际创建工作推迟到子类中。核心工厂类不再负责产品的创建，而成为一个抽象工厂角色，仅负责具体工厂子类必须实现的接口。这样进一步抽象化的好处是可以使系统在不修改具体工厂角色的情况下引进新的产品。工厂方法模式是简单工厂模

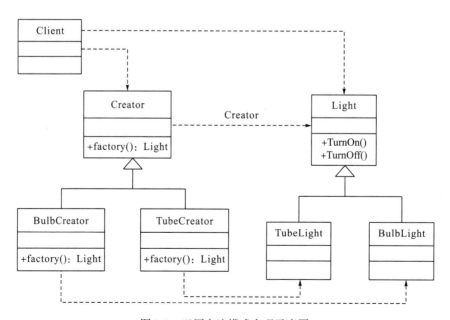

图 2-3　工厂方法模式实现示意图

式的衍生，解决了许多简单工厂模式的问题。首先，完全实现"开—闭原则"，实现了可扩展；其次，具有更复杂的层次结构，可以应用于产品结构复杂的场合。

2.4.5　封装方法

北斗 YNCORS+地理信息服务 SDK 应用环境复杂，需要支持多种定位方法，调用多种地图和地理空间信息服务，而且这些定位方法和服务还在不断发展和变化之中，新的服务和方法不断被创造出来，旧的服务和方法也在不断更新、升级深化，这就给利用这些服务进行开发造成了困难——开发人员需要按照不同的地图和地理空间信息服务提供的接口，展示多种定位技术定位的结果——导致应用程序的复杂程度呈几何倍数增加。而每一种方法和接口都有自己的开发包、数据格式、调用要求、运行环境，也给应用（App）的部署造成困难。

这些问题，需要通过面向对象、设计模式和面向接口编程等现代程序设计思想加以解决。通过对应用中变化的部分进行归纳总结，我们发现虽然有不同的定位接口、不同的地理信息服务，但我们的应用对于功能的调用基本是统一的，且调用需要传入的参数也基本相同。因此，可以将这些不同的服务接口和调用方法定义成一个抽象的接口，然后再按照不同的定位技术和地理空间信息服务，对这个接口进行不同的实现，最后将这些实现通过对象工厂组织起来，进行统一的生产、创建和初始化，以抽象工厂的方式提供给开发人员使用。这样，就完成了对这些技术和服务的封装，开发人员通过对应用配置文件的修改，即可快速地从一种定位技术切换为另一种技术，从一种地理空间信息服务切换为另一种地理空间信息服务，一切都不需要修改代码，也不需要重新对系统进行编译和发布。

第3章 需求分析

3.1 行业需求

3.1.1 "天地图·云南"应用推广需求

2010年以来，随着移动互联网应用的兴起，位置服务、互联网地图服务成为我国地理信息产业发展的重点方向。移动互联网改变了传统地理信息行业的商业模式，构建了基于位置服务和地理信息服务的全方位生态圈，包括共享出行、上门服务、智慧交通、快递物流、房地产、商业地理等诸多方面，围绕快速定位、接入地图、兴趣点搜索、路线规划、订单跟踪等应用场景，形成了一大批行业解决方案，充分挖掘了地理信息和位置服务在各行业的价值。[8]经过近十年的发展，已经催生出一大批互联网地图产品，形成了极大的市场规模。据2018年中国地理信息产业大会（IDC）发布的中国地理信息产业报告显示，我国手机地图用户规模已达7.7亿人，其中，百度地图、高德地图和腾讯地图市场占用率分别为33.8%、32.9%和14.7%，成为市场主流。[3]

"天地图"作为自然资源部对外提供服务的窗口，一直致力于向社会公众提供权威、可信、统一的地理信息服务，实现了全国多尺度、多类型地理信息资源的综合展示和在线应用。但在移动互联网领域，尤其在手机地图领域，"天地图"起步较晚，导致市场占有率较低，IDC分析报告指出，"天地图"市场占有率未超过3%。

要扩大"天地图"的影响，提高市场占有率，需要将广大移动应用开发者吸引到"天地图"平台，使用"天地图"提供的各种服务和API进行移动应用开发。天地图平台虽然提供了一套移动开发包（SDK），帮助开发者完成基于"天地图"的移动应用开发工作。但是目前市场主流的各互联网地图平台已经吸引了大量的开发者，而这些平台都有自己的开发包，不同平台的开发包从内容到形式都有很大的区别，开发者进行移动应用开发时首先需要选择互联网地图服务平台，然后引入对应平台的开发包，在代码中调用SDK的API实现各项业务功能，获得了开发上的便利。但这些平台通过SDK与开发者代码深度耦合，将 App 绑定在了特定的平台下，开发者如果切换平台就需要付出重写全部代码的高昂代价，丧失了选择其他平台的权利，只能与该平台共生，完全受制于该平台的发展。这种模式也导致移动应用开发者为避免风险而有意识地选择市场占用率最大的几个平台，形成了"强者越强"的局面，削弱了市场竞争。这导致"天地图"等较小众的平台对开发者的吸引力不足，得不到发展。

为此，需要设计一款全新的移动应用开发包，通过综合分析各地理信息服务平台提供的服务，结合"天地图·云南"自身特点进行抽象和封装，以统一的接口提供给开发者，使开发者可以方便地在平台之间进行切换，从而保护开发者的投资，降低开发者选择"天地图·云南"的风险和成本，达到推广"天地图·云南"的目的。

3.1.2　行业用户使用高精度位置服务需求

目前，移动互联网、地理信息服务和位置服务已经深入人们生活的诸多方面，正在向社会各行业渗透。不同的应用场景对位置服务的精度有着不同的要求，例如，测绘、物流、交通、农业、旅游、应急等行业应用对定位精度的要求比一般步行导航的精度要求高。不同精度的位置服务由不同的定位方法以及配套的定位设备实现，普通的移动终端采用单点定位的方法来满足大众需求，专业的测量设备采用 RTD 差分定位的方法来满足行业用户的高精度位置服务需求。

北斗 YNCORS 是重要的信息基础设施，负责为用户提供亚米级 RTD 定位服务和丰富的地理信息服务，用户提交申请即可获得使用差分数据的用户名和密码，将用户名和密码与设备绑定之后即可使用北斗 YNCORS 提供的高精度差分信号。但由于北斗 YNCORS 本身的技术限制，不能对应用类型和设备数量进行高效管理。为满足行业用户日益增长的使用高精度位置服务的需求，北斗 YNCORS+地理信息服务 SDK 需要提供支持不同精度定位的技术手段，方便移动应用开发者根据业务需要进行快速定制，实现对北斗 YNCORS 定位协议的封装，方便用户使用北斗 YNCORS 高精度定位数据。

3.1.3　北斗卫星导航技术"落地"需求

随着现代信息社会的快速发展，社会公众对创新性和综合性时空信息服务的需求日益强烈，具有短报文通信等特色优势的北斗卫星导航系统，未来在国民经济关键领域、行业、公共服务及大众市场的应用将得到极大拓展，融合移动通信、互联网技术的位置服务应用，将有力推动卫星导航应用产业结构升级，释放出更加广阔的市场空间。[9]目前，我国北斗卫星导航产业已形成较为完备的产业体系，导航服务性能不断提升，应用范围不断扩大，市场规模快速增长，对资源利用、环境保护、公共服务等方面的发展产生了积极影响。

目前，我国移动设备制造商以生产面向大众、提供低精度单点定位服务的设备为主，能够提供专业化的亚米级 RTD 差分定位设备的厂商较少，且市场上高精度定位设备价格高昂。亚米级 RTD 差分定位服务的接入依赖于设备制造商提供的硬件接口，这就导致了北斗定位技术在云南省"落地"面临行业应用开发难度较大、技术门槛较高的问题。市场上各公司提供北斗导航的方式有两种，一种方式是兼容原有平台的 API，如中兴、华为开发的部分大众消费类产品，它们将北斗定位导航芯片与 GPS 芯片进行集成，开发者使用操作系统(如 Android 系统)提供的定位 API，与 GPS 一样进行定位[10]。这种方式有一定的普适性，对开发者的专业性要求也不高，是当前市场上的主流，但是这种方式丧失了北斗卫星导航技术的特点，无法有效利用北斗地基增强网来提高定位精度。另一种方式是专用 API，目前华测、中海达等公司开发的专业测绘产品采用此种方式提供北斗导航，设备开发商提供专用的 API 供开发者调用，开发者需要充分了解北斗卫星导航技术，并熟悉厂商的 API，针对特定设备进行开发。这样虽然能使用北斗卫星导航技术的全部功能，但软件只能在特定的设备上运行，限制了软件的应用范围。

因此，当前位置服务应用开发者迫切需要一种技术手段，对位置服务和地理信息服务进行封装，为行业应用提供统一的接口服务，实现多种定位协议(单点定位、差分定位等)、多种地图服务("天地图"、百度地图、高德地图、腾讯地图和其他地图等)的接入，以降低行业应用的开发难度。

3.2 功能性需求

3.2.1 高精度定位服务的需求

从移动互联网到物联网，位置是一个基础的不可或缺的信息，从各行业应用需求来说，更高精度的定位信息才能带来更高的价值，市场急需技术成熟、价格低廉的高精度定位手段。在云南省内，北斗 YNCORS 可以提供各种不同精度的定位服务，可以针对行业用户(物流、交通、农业、旅游、应急救援等)的高精度定位需求提供 RTD 定位服务。

由于各终端的差异性，有的终端支持单点定位协议，有的支持 RTD 差分定位协议，有的则两种都支持。这就需要封装一组统一的接口，通过调用这些接口，自动判断终端对应的定位协议，并根据应用的定位要求在各协议之间切换，以满足不同的应用场景。

3.2.2 地理信息服务的需求

随着移动互联网应用的快速发展，各行业(测绘、物流、交通、农业、旅游、应急救援等)对地图服务的要求越来越高，且它们对地图服务的需求又不同。想要满足各行业的应用需求，仅靠单一的地图服务是无法做到的[11]，所以需要一种技术把各种地图服务商提供的服务封装成一组核心服务接口，集成各种地图服务的优点，对行业应用提供统一的API 访问和使用这些服务。

1. 地图数据源切换的需求

移动应用开发者需要根据预先设置好的专题信息，读取地图显示所需的全部图层信息和相应的专题配置，并通过空间数据引擎将空间数据返回给客户端。对于移动应用，会通过相应的地图发布服务器生成图片或获得查询信息，并将图片连接和查询结果以 JSON 形式返回给客户端。数据有多种来源("天地图"、百度地图、高德地图、腾讯地图和其他地图等)，分布在多个服务器上，系统需支持远程数据的访问，因此地图服务引擎提供了获取地图服务器列表和各个服务器上数据状况信息的功能，为客户端能正确访问空间数据提供基础服务。该功能具体由地图服务接口实现。

2. 地图基础功能需求

移动应用通过调用电子地图展示信息，如用户当前位置、周边设施、兴趣点等，同时提供地图显示、缩放、旋转、滑动、倾斜、图层切换等，使开发者基于 SDK 开发应用时，能通过简单的接口调用，实现对各种地图服务基础功能的访问。

1)按类型显示

电子地图包括许多内容，如河流、水系、行政区划、铁路、公路、地名、各类注记等，每一类内容即为一个类型。按类型显示是指用户既可以选择显示全部类型，也可以选择显示其中一部分类型，也可随时增加或取消显示某一类型，并且可调整各类型的显示顺序。

2)按缩放级别显示

某一类型的图素可能异常丰富，如公共汽车站可能非常密集，如果同时把所有公共汽车站都显示在图上，就会显得拥挤而影响显示效果，也不利于用户快速了解公共汽车站的位置和车辆的运行情况。因此将每一类型要素分为 3 个层次(0~2层)，最重要的要素放在顶层(0 层)，根据用户需要可将图形放大，逐次增加下一层(1、2 层)的类型要素。

3)图式符号说明

矢量图是通过各种点状符号、线状符号、面状符号来描述的，这些符号统称为图式符号。为了使用户随时了解图式符号所代表的现实要素，电子地图需要图式符号说明功能，将预先设置好的图式符号说明显示出来，以供用户查阅。

4)缩放、旋转、滑动、倾斜

缩放是通过双击地图或用两个手指移动地图来改变地图的缩放级别；旋转是用两个手指在地图上转动，可以旋转 3D 矢量地图；滑动是用手指拖动地图四处滚动(平移)或用手指滑动地图(动画效果)；倾斜是用两个手指在地图上一起向下或向上移动来增加或减小地图显示的倾斜角。

3. 地理编码与反地理编码需求

地理编码实现了将中文地址或地名描述转换为地球表面上相应位置的功能，反地理编码实现了将地球表面的地址坐标转换为标准地址的功能。地理编码提供了专业和多样化的引擎以及丰富的数据库数据，使得服务应用非常广泛；反地理编码提供了坐标定位引擎，帮助用户通过地面某个地物的坐标值来反向查询得到该地物所在的行政区划、所处街道以及最匹配的标准地址信息。通过丰富的标准地址库中的数据，可帮助用户在移动端查询、商业分析、规划分析等领域创造价值。由于地址信息并不直接等同于空间地理位置，需要一个由语义到地理位置的转化过程。地理编码服务需要建立起地址和地理位置的对照关系，形成一套地名地址数据库，便于数据的集成和空间分析，从而使决策更科学和接近实际[12]。移动应用需要向用户提供类似地址查询等功能，根据给定的地名，获得具体的位置信息(如经纬度、地址的全称等)，也需要根据经纬度获得具体的地址。

地理编码与反地理编码的主要功能包括地址数据管理、地名数据管理、地址模型管理、地址匹配查询、地址内插计算。

(1)地名数据管理。包括对行政区划、重要建筑物、单位、居民小区、街道路巷名称、公园、湖泊、河流等地名地标数据的查询、地图标注等。

(2)地址数据管理。主要是对以门牌号为主要内容的地址数据的查询。包括街、路、巷名称，门牌编码规则，门牌起止号码等信息的查询操作。地址数据是地址匹配和地址内插的基础。

(3)地址匹配查询。定义、维护地址模型，包括点地址模型、线地址模型、面地址模型以及组织地址模型。根据系统的地址模型，对地名地址数据库建立层次化索引，提供地名地址快速查询检索服务。基于地名地址数据库，根据系统的地址模型，对无法匹配的线性地址数据进行地址内插，估算地址对应的地理空间位置。

4. 导航需求

根据移动目标的位置变化，计算并实时显示用户在地图上的位置，使用最优路径规划(如时间最短、距离最短或者费用最低等)所提供的功能，在地图上规划出一条用户所希望的路径。例如：用户想从 A 地到 B 地，但他对该地区的道路网不熟悉，所以迫切希望电子地图能为他推荐一条最佳路径，导航开始后，系统以文本、图形、语音三种方式提供指引，包括直行提示、路口转弯提示、上下桥提示、距离提示、偏离航向提示、回转提示、到达终点提示等。

5. 地图量算

地图量算是在地图上进行量测和计算，以获得地面上各种要素数据的方法。包括在地图上量算物体的长度、高度、坡度、角度、面积和体积，确定地面点的地理坐标或平面直角坐标、两点间距离和方位等。移动应用用户可以通过地图量算获得地面上有关物体的数量指标和形态概念，因而广泛应用于行政管理、经济建设、科学研究、文化教育以及军事等方面。

6. 兴趣点管理需求

在地理信息系统中，一个兴趣点(Point of Interest，POI)可以是一栋房子、一个商铺、一个邮筒、一个公交站等，每个 POI 包含三个方面的信息：名称、坐标、类别。全面的 POI 信息是丰富导航地图的必要因素，POI 能提醒用户路况的分支及周边建筑的详细信息，也能方便在导航中查到用户所需要的各个地方，选择最便捷和通畅的道路进行路径规划。POI 是地理信息应用发展到一定阶段后，随着用户的个性化需求而出现的，即按照用户的兴趣选择相应类别，查询相关的 POI 信息。用户可以按关键字进行查询，如查询名为"××"的酒店；也可以按范围和类别进行查询，如查询 5km 范围内的加油站。POI 查询方法类似于 Web 搜索方法，可采用布尔逻辑模型、向量空间模型或概率模型等数学模型来建立查询检索模型，地图 POI 数量直接影响地图的易用性。

同时，POI 又是高度个性化的，与具体的应用和使用者有关，一款导航应用的用户黏性取决于导航地图中 POI 信息点的多少以及信息的准确程度和更新速度。因此，移动应用开发者需要有灵活方便的 POI 管理功能，实现自己应用中的 POI 标注、定位、查询等，满足各行各业不同的应用需求。

3.2.3 管理维护服务的需求

管理维护服务的需求有以下三个方面。

(1)用户隐私安全。与传统互联网相比，移动互联网具有移动性、私密性和融合性的特征，这也给移动应用带来了信息安全的问题。所以在 SDK 的开发设计过程中，需要对用户的隐私进行保护(数据加密、数据隔离)，并为用户提供位置服务的管理、隐蔽、伪装和控制能力。

（2）日志及意见反馈。当基于 SDK 做二次开发的企业数量增多，企业需求不断变化，须对 SDK 各接口服务的不足进行升级和修改，对新的接口重新编写实现类，所以 SDK 需有为 SDK 开发者提供管理维护的功能，用于收集用户使用基于 SDK 开发应用时产生的错误日志及意见。

（3）服务质量监控。SDK 封装了多种地图数据源，在特定的环境下不同地图数据源提供的服务质量可能会各有优势，SDK 需要对这一问题进行判断，对各种地图服务质量进行监控。

3.2.4 技术支持和服务的需求

SDK 开发完成之初，由于已知的用户量很少，所以需要一个能快速了解和使用 SDK 的网站平台来加快 SDK 在各行业的运用推广，为更多用户提供 SDK 服务。从使用角度看，SDK 网站平台应提供以下两部分内容。

（1）面对基于 SDK 做二次开发或对 SDK 感兴趣的用户，提供 SDK 功能服务的学习、交流和下载。

（2）面对 SDK 提供方，提供管理维护网站内容、日志意见查询、开发者密钥管理等功能。

3.2.5 用户分类管理的需求

SDK 面向的用户分为以下三类。

（1）运营技术人员：本类用户进行用户信息的审核及 SDK 开发者密钥的申请管理。

（2）系统管理人员：本类用户主要从事系统管理工作，负责用户权限的设置与更新、系统数据的备份及维护等工作。

（3）企业及个人用户：本类用户须经授权才能访问系统，主要由需要使用 SDK 做二次开发的企业及个人组成。

在 SDK 设计过程中应充分考虑三类用户不同的业务关注点，为不同的用户角色打造适合其自身工作特点的功能。

3.3 非功能性需求

3.3.1 兼容性

SDK 的研究主要是为行业应用开发者提供便捷、简单的接口服务，使开发者不必考虑过多的技术问题和开发平台的兼容性问题。所以，SDK 在设计及技术选型时应考虑对开发平台的兼容性，在确保支持 Android 平台的同时，实现对 iOS 平台的基础性支持。SDK 开发完成后，提供给用户的开发包要支持接入主流的移动开发框架，便于用户在自己原有的软件上做二次开发、升级，不必从头再来，这样就缩短了开发时间，降低了开发成本。

3.3.2　信息安全

由于部分基础地理信息数据涉及敏感信息，系统必须设立严格的安全和保密管理制度，在开发过程中可以通过认证、权限、加密等手段来保障信息安全。其中主要从以下几个方面来考虑 SDK 信息安全的建设。

（1）环境安全。机房、场地、设施、动力系统、安全预防和恢复等物理上的安全。

（2）平台安全。操作系统漏洞检测和修复、网络基础设施漏洞检测与修复、通用基础应用程序漏洞检测与修复、网络安全产品部署，这些是保障软件环境平台安全的措施。

（3）数据安全。涉及数据的物理载体、数据本身权限、数据完整可用、数据监控和数据备份存储。

（4）通信安全。涉及通信线路基础设施、网络加密、通信加密、身份鉴别、安全通道和安全协议漏洞检测等。

（5）应用安全。涉及程序安全性测试、业务交互防抵赖测试、访问控制、身份鉴别、备份恢复、数据一致性、数据保密性、数据可靠性、数据可用性等业务级别的安全机制内容。

（6）运行安全。涉及应用程序运行之后的维护安全内容，包括定期检查评估、系统升级更新和网络安全技术咨询等。

（7）管理安全。涉及应用程序使用到的各种资源，包括人员、培训、应用系统、软件、设备、文档和数据等。

（8）授权安全。向用户和应用程序提供权限管理和授权，负责向业务应用系统提供用户身份鉴别、访问控制、功能授权和服务管理等功能。

3.3.3　质量管理

SDK 为地理信息应用软件开发提供基础服务，其质量优劣必然影响基于 SDK 开发的软件产品的质量，因而必须保证 SDK 设计和实现的质量。具体体现在：运行稳定程度、运行安全性、运行速度和可扩展性等方面。此外，还需要设计周详的软件测试方案，严格进行测试，确保达到 SDK 设计的质量目标。

第4章　SDK 功能设计与实现

4.1　设 计 思 路

　　SDK 服务各类地理空间应用开发，以计算机网络及硬件平台为依托，涉及众多学科门类，需要应用多种技术手段作为支撑，涉及的技术有软件开发（Android、iOS）、软硬件系统集成、数据库建设与更新、NTRIP 网络协议等。SDK 设计过程中采用了面向对象、工厂方法和面向接口编程等设计思想，对应用中变化的部分进行归纳总结，虽然有不同的地理信息服务和位置服务，但应用这些服务的调用方法基本是一致的，调用时需要传入的参数也基本相同，这样就可以将这些不同的服务接口和调用方法定义成一个抽象的接口，再按照不同的地理空间信息服务和定位技术，对这些接口进行不同的实现，统一生产、创建和初始化，以抽象工厂的方式提供给开发人员使用，开发人员只需修改应用配置文件和参数，即可快速地实现地图数据源的切换及单点定位与差分定位的切换。SDK 技术流程如图 4-1 所示。

　　SDK 应用的主要技术手段有以下几种。

1. 面向对象技术

　　在 SDK 的设计过程中，我们把不同事物的具体属性抽象成对象（如开发者、定位方式、地图数据源、北斗 YNCORS 用户、北斗 YNCORS 源列表、RTD 差分结果等），以便在开发过程中对相关事物进行封装，把事物的属性和行为结合成一个独立的对象，让对象以外的部分不能随意存取对象的内部属性。从而有效地避免了外部错误对 SDK 的影响，使得 SDK 程序结构变得更加清晰、简单，减少程序的维护量，提高代码的重用性和软件的开发效率。

2. 工厂方法模式

　　工厂方法模式是一种常用的设计模式，其实现如图 4-2 所示，此模式的核心是封装类

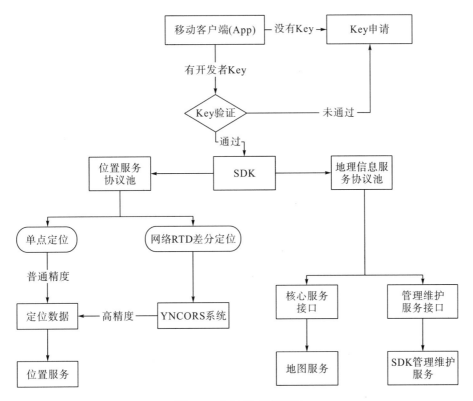

图 4-1 SDK 技术流程图

中变化的部分，提取其中个性化善变的部分为独立类，通过依赖注入以达到解耦、复用和方便后期维护拓展的目的[13]。在 SDK 开发过程中使用这一设计模式，对地理信息服务协议和定位协议做封装设计，定义一套用于创建对象的接口，让子类自己决定实例化哪一个类。这样做主要有以下几个优点。

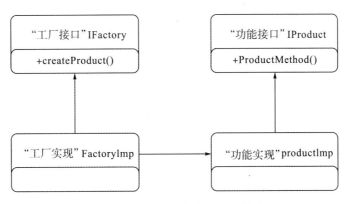

图 4-2 工厂方法模式实现示意图

（1）可以使代码结构更清晰，还能有效封装类中变化的部分。在编程中，对象的实例化有时候比较复杂和多变，通过工厂方法模式将这些对象的实例化封装起来，使得调用者根本无须关心对象的实例化过程，只依赖工厂方法模式即可得到自己想要的对象。

（2）对调用者屏蔽具体的对象类。如果使用工厂方法模式，调用者只需关心对象的接口即可；至于具体的实现，调用者无须关心，即使变更了具体的实现，对调用者来说没有任何影响。

（3）降低耦合度。对象的实例化比较复杂，它需要依赖很多类，而对调用者来说根本无须知道这些类，如果使用了工厂方法模式，只需定义好对象类，即可交给调用者使用。

3. 接口编程

在 SDK 设计过程中，SDK 的各种功能是由许多不同对象协作完成的。在这种情况下，各个对象内部是如何实现的，它们之间是如何协作的，就成了 SDK 设计的关键。小到不同类之间的通信，大到各模块之间的交互，在 SDK 设计之初都要着重考虑，这也是 SDK 设计的主要工作内容。面向接口编程就是遵循这种设计思想，先把 SDK 的业务提取出来作为接口，业务具体实现通过该接口的实现类来完成，当用户需求变化时，只需编写该业务逻辑新的实现类，不需要改写原有代码，减少对 SDK 本身的影响。SDK 采用基于面向接口编程的模式，使业务逻辑清晰，代码易懂，方便扩展，可维护性强。

4. 多线程技术

在一个程序中，一些独立运行的程序片段叫作"线程"（thread），利用它编程的概念就叫作"多线程处理"（multithreading）。多线程技术是指从软件或者硬件上实现多个线程并发执行的技术。具有多线程能力的设备因有硬件支持而能够在同一时间执行多个线程，进而提升整体处理性能。

SDK 运行过程中的消息传递机制都是采用多线程技术来解决的，例如：获取定位数据、获取北斗 YNCORS 源列表、获取北斗 YNCORS 差分数据、自动匹配协议池任务分发等功能的实现。使用这一技术是为了同步完成多项任务，以提高运行效率和资源使用效率，从而提高 SDK 的运行效率。

5. NTRIP 协议

NTRIP 协议是在互联网上进行差分数据传输的协议，所有的差分数据格式（RTCM、RTCM2. X/RTCM3. X、CMR/CMR+等）都能传输。SDK 在获取差分数据时，就是使用 NTRIP 通信协议与北斗 YNCORS 进行数据交互。其原理如图 4-3 所示。

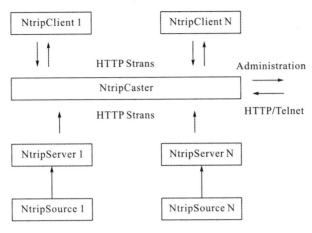

图 4-3 NTRIP 协议原理图

其中几个关键的步骤如下：

（1）NtripSource：用来产生差分数据，并把差分数据提交给 NtripServer。

（2）NtripServer：负责把差分数据提交给 NtripCaster。

（3）NtripCaster：差分数据中心，负责接收、发送差分数据。

（4）NtripClient：登录 NtripCaster 后，NtripCaster 把差分数据发送给它。

4.2 层 次 结 构

SDK 是基于一期项目平台所提供的服务进行封装的，而且其应用环境复杂，需要支持多种地理空间信息服务和位置服务，开发人员需要按照不同地图服务所提供的接口，展示多种地图服务和位置服务。因此，SDK 在结构上设计了以下三个层次。

（1）自动匹配协议池接口，包括位置服务协议池、地理信息服务协议池，支持"天地图"接入，支持北斗定位协议接入。

（2）地理信息核心服务接口，包括在线地图显示、地理编码与反编码、目录服务、数据读取、导航、距离计算等。

（3）管理维护服务接口，包括日志管理、请求查询、地理编码维护、隐私保护、错误反馈等。

最终，SDK 实现了对当前移动开发主流开发框架的接入，在确保支持 Android 平台的同时，实现了对 iOS 平台的基础性支持。

具体层次结构设计如图 4-4 所示。

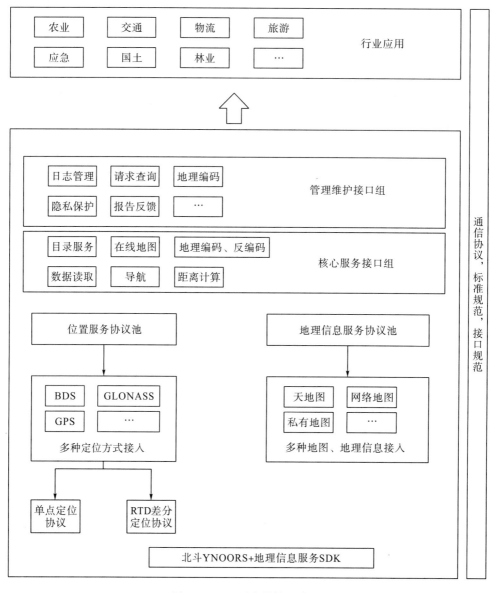

图 4-4　SDK 层次结构设计图

4.3　功 能 结 构

SDK 是对北斗 YNCORS+地理信息服务平台的补充和完善，它处于平台服务与行业应用之间，为行业应用的搭建提供开发基础，是对底层平台的抽象。在 SDK 建设之前，开发者使用平台服务 API 进行应用开发，需要先了解服务的具体细节和相关标准协议，选择合适的协议来进行服务解析。这样既增加了开发成本，又降低了应用程序的可复用性，每一次平台服务增加或改变都会使得应用程序的维护和移植变得更加复杂。而 SDK 能很好地解决这个问题，封装完成的 SDK 能使开发者在进行应用开发时，不需要过多了解底层服务的技术细节，就能实现应用层与服务层的完全隔离，实际上用户进行应用维护时只需要保持服务接口不变，就能应对平台服务的不断扩充和升级；使用标准化的服务接口进行应用开发时，也只需改变其中的几个参数就能实现不同服务的调用，这样就大大提高了代码的可维护性和可移植性。

SDK 从结构上可分为三个部分：自动匹配协议池、核心服务接口组和管理维护服务接口组。具体设计上，将以上三个部分进一步细分，减少内部接口间的耦合度，开放部分外部接口，提供协议解析模板，以满足不同行业的要求。这些模块具体如图 4-5 所示。

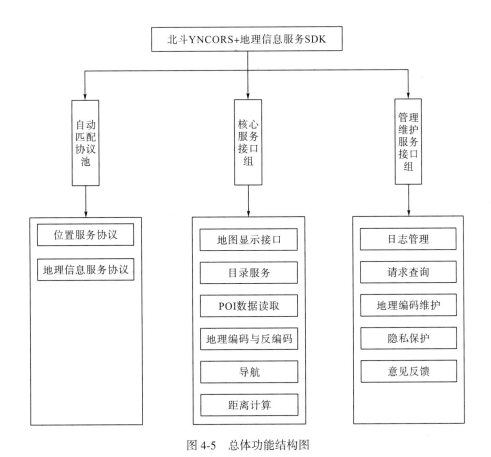

图 4-5　总体功能结构图

4.4　功能实现

4.4.1　自动匹配协议池

协议池的构建能有效屏蔽多种定位协议和地图服务协议在应用开发过程中的干扰。例如，百度地图、高德地图、腾讯地图、"天地图"和其他地图，只能通过对应的 API 读取和解析，若有应用需要使用多个服务商的地图，开发者将编写每一个地图服务对应的代码，针对每一种地图进行烦琐的判断和选择，在每一个具体的终端上都会出现大量的冗余性逻辑计算，这就大大增加了应用对终端的性能开销。构建协议池后，SDK 的使用者能够更加专注于产品的设计和功能的实现，不必再去处理位置数据和地图数据。实际操作中，用户只须向标准化的接口传入需要解析的服务地址就能自动匹配，也可以由用户指定一个对应的协议解析器进行服务解析，从而大大降低性能消耗和开发成本。

因此，SDK 的自动匹配协议池应包含两个方面的内容：一是地理信息服务协议池，该协议池通过匹配传入的地图服务特征，配置相对应的地图服务协议解析接口，自动解析各种地图服务，同时规范一个协议解析模板，供用户扩展解析协议池中未加入的协议；二是位置服务协议池，该协议池通过匹配传入的位置信息特征，采用不同的位置服务协议解析各种各样的位置数据，降低行业应用开发过程中不必要的设计和编码成本。

1. 地理信息服务协议池

地理信息服务协议池封装了各种地图服务，包括"天地图"、百度地图、高德地图、腾讯地图及其他地图服务，协议池通过匹配传入的地图服务特征，配置相对应的地图服务协议解析接口，自动解析各种地图服务，以满足用户不同的需求。SDK 还提供了一个统一的地图服务协议模板，该模板定义一个统一的格式，地图服务协议解析接口把协议模板拆分，获取到地图服务名称、地址、端口和具体访问地图服务的方法，根据地图服务名称，到配置文件里获取调用该地图服务对应的 Key，然后通过模板的地址、端口和访问方法，自动匹配到对应的地图服务。

通过地理信息服务协议池的封装，使应用在需要使用多地图服务时，不必单独对每种地图服务做开发，开发者只需传入相应的地图服务参数，由协议池接口自动匹配调用，省去多地图服务接入的烦琐步骤。SDK 还提供设置手动切换地图数据源的功能，用户在使用过程中可以手动切换地图数据源，在不同的使用场景下，可以选择更适合该场景的地图数据。

地理信息服务协议池工作流程如图4-6所示。

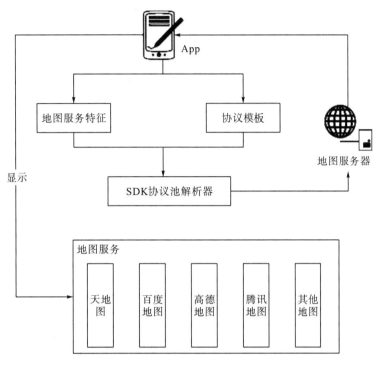

图4-6 SDK地理信息服务协议池工作流程图

地理信息服务协议池接口设计见表4-1。

表4-1 地理信息服务协议池接口设计

接口类	方法	描述
AgreementPool	mapServiceParse(url, params)	地图服务地址解析
	appTerminalVerdict()	应用终端型号判断
	locationDataDispose()	位置数据处理
	mapDataRead()	地图数据读取
	mapDataParse()	地图数据解析

地图服务协议模板格式(MyMap：//192.168.202.1：8080/function)说明见表4-2。

表 4-2 地图服务协议模板格式

参　　数	说　　明
MyMap	地图服务名称
192.168.202.1	地图服务 IP 或域名
8080	地图服务端口
function	地图服务功能点服务

2. 位置服务协议池

位置服务协议池封装了多种定位协议，包括单点定位、RTD 差分定位等。用户使用位置服务协议池接口时，可以根据传入的位置信息特征，自动匹配位置服务协议，还可以在不同协议之间进行切换。其工作流程如图 4-7 所示，具体接口设计如下。

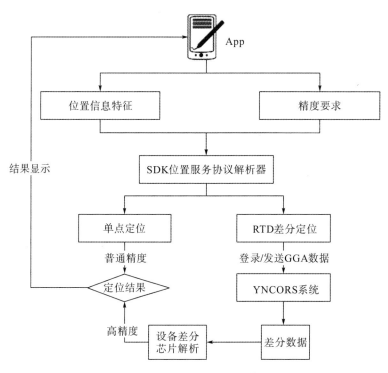

图 4-7 SDK 位置服务协议池工作流程图

（1）单点定位。单点定位的原理是利用星历和钟差及接收机的观测数据，实现实时或事后的定位。[1]重点定位接口对设备提供获取经纬度的方法进行简单的封装，使调用更加简单，设计见表4-3。

表4-3　单点定位接口定义

接口定义	方法	描述
Provider	beginLocation( )	获取包含当前位置信息(如经纬度)的 Location 对象
	judgeProvider(LocationManager lm)	选择要使用的位置提供器

（2）RTD 差分定位。差分定位的原理是设置一个已知精度坐标的差分基准站，基准站的接收机连续接收导航信号，将测得的位置、距离数据与已知的位置、距离数据进行比较，确定误差，得出正确的改正值，然后利用这一改正值改正接收机的定位结果。RTD 差分定位接口设计分为以下几个步骤。

①登录北斗 YNCORS，接口定义见表4-4。

表4-4　登录接口定义

接口定义	方法	描述
DiffTcpOperate	connect(ICallback callback)	建立连接
	disConnect( )	关闭连接
	postData(byte[ ] bt)	获取连接状态

②获取源列表，接口定义见表4-5。

表4-5　获取源列表接口定义

接口定义	方法	描述
SourceList	SourceList( )	构造函数
	getSourceList( )	获取源列表
	SourceListListener	资源监听

③发送 GGA 数据获取差分数据，接口定义见表4-6。

表 4-6　发送 GGA 数据获取差分数据

接口定义	方法	描　　述
DiffConnect Manager	getInstance( )	实例化
	sendGga( )	发送 GGA 数据
	getStatus( )	获取连接状态
	Connect( )	需要参数：GGA(GGA 数据)、DiffDataInfo(包含 IP、端口、用户名、密码、源点) 返回参数：status(登录状态)、DiffData(差分数据)
	Disconnect( )	断开连接

4.4.2　核心服务接口组

目前，主流的地图服务数据源较多，例如：高德地图的三维矢量地图导航、百度地图的语音播报、坐标转换等功能，但各自有一定的优缺点。开发者如果要在不同的应用场景使用更优质的服务，应集成各种地图的 API 到应用中，这样开发者需要对各种地图的 API 进行研究，而且需重复编写大量代码，影响开发效率。核心服务接口组就可以解决这一问题。

核心服务接口组为应用程序提供一组调用各地图服务数据源的外部接口，包括在线地图显示接口、目录服务接口、地理编码与反编码接口、数据读取接口、导航接口、距离计算接口。其主要作用是统一处理平台发出的和用户自己规范的各种位置和地理信息，使应用开发者只需开发一套接口即可实现多种地图服务的调用。

1．在线地图显示接口

在线地图显示接口是对不同地图的在线显示、图层切换、定位、标注点等基本操作进行封装，实现快速访问各类地图数据源的地图服务、数据服务和功能服务，使开发者能通过简单调用，实现各种地图服务的基础功能，还可定义协议模板，通过协议池接口对协议模板进行解析，访问自己需要的地图服务功能。在线地图显示接口调用过程如图 4-8 所示。

在线地图显示接口相关类和方法设计见表 4-7。

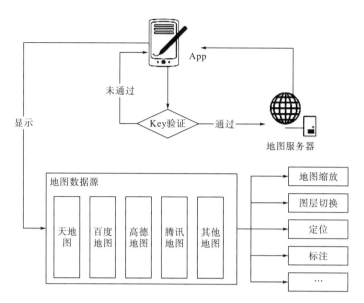

图 4-8　在线地图显示接口调用过程图

表 4-7　在线地图显示接口定义

接口类	方　　法	描述
YncorsMap	setLng(Double lng)	设置中心点
	setLat(Double lat)	
	setZoom(int zoom)	设置地图缩放级别
	setMapType(int mapType)	设置图层类型
	setTrafficEnabled(boolean trafficEnabled)	是否显示实时路况
	setHeatMapEnabled(boolean heatMapEnabled)	是否显示热力图
	setLocationEnabled(boolean locationEnabled)	是否显示定位
	setMapSwitch(boolean mapSwitch)	是否显示多地图切换
	setMarkers(List<YncorsMarker> markers)	设置标注点
	setShowReport(boolean showReport)	是否显示目录服务
YncorsMarker	setLng(Double lng)	设置标注点坐标
	setLat(Double lat)	
	setIcon(int icon)	设置标注点图标
	setDraggable(boolean draggable)	标注点是否可拖动
	setVisible(boolean visible)	标注点是否可见
	setTitle(String title)	设置标注点标题
	setSnippet(String snippet)	设置标注点内容

续表

接口类	方　　法	描述
TaskDispatcher	taskDispatcher（Context context，String protocolUrl，YncorsMap yncors）	根据地理信息服务协议池模板，打开对应的地图服务

2. 目录服务接口

目录服务接口是对 SDK 所有功能服务的一个索引，使用该接口时，传入特定的参数即可列出 SDK 的相关功能列表，以方便、快速地访问 SDK 的各项功能。

目录服务接口调用过程如图 4-9 所示。

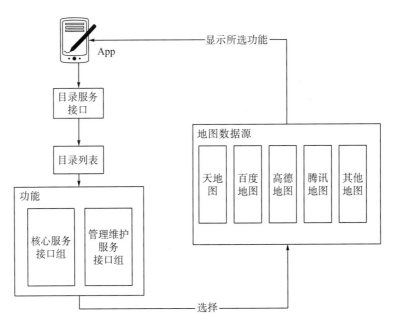

图 4-9　目录服务接口调用过程图

目录服务接口相关类和方法设计见表 4-8。

表 4-8　目录服务接口定义

接口类	方法	描述
DirectoryService	getDirectorys（）	获取 SDK 的资源目录

3. 地理编码与反编码接口

地理编码是指对地址信息建立空间坐标关系的过程，可分为正向地理编码和反向地理编码。正向地理编码是将地址信息(省/市/区/街道/门牌号)解析为对应的位置坐标，地址内容越完整、准确，解析的坐标精度越高；反向地理编码是将位置坐标转换为地址信息的过程，通过地面某个坐标值来反向查询行政区划、街道、门牌号等地址信息。

该接口的封装，使用户可通过丰富的标准地址库数据，进行移动端查询、商业分析、规划分析等，并且在不同地图服务之间进行数据对比，可以找到更有用的数据，从而提高用户对这些数据的利用。

地理编码与反编码接口调用过程如图 4-10 所示。

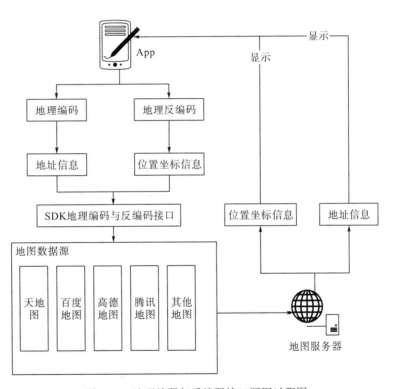

图 4-10   地理编码与反编码接口调用过程图

地理编码与反编码接口相关类和方法设计见表 4-9。

4. POI 数据读取接口

POI 数据读取接口根据用户输入的查询参数，返回地图和位置数据，获取地点查找、匹配、空间内容，从而实现周边、POI 等信息推荐。接口封装了 POI 的检索实例，通过地图数据源提供的 POI 服务，实现查询结果监听。

表 4-9　地理编码与反编码接口定义

接口类	方　　法	描述
GeoCoder	newInstance( )	创建地理编码检索实例
	OnGetGeoCodeResultListener( )	创建地理编码检索监听者
	onGetGeoCodeResult(GeoCodeResult result)	获取地理编码结果
	onGetReverseGeoCodeResult(ReverseGeoCodeResult result)	获取反向地理编码结果
	setOnGetGeoCodeResultListener(listener)	设置地理编码检索监听者
	geocode(newGeoCodeOption( ). city("城市"). address ("具体位置"))	发起地理编码检索
	destroy( )	释放地理编码检索实例
	getAdcode( )	获取 adcode 数据，返回行政区号
	getPoiList( )	获取位置附近的 POI 信息

POI 数据读取接口调用过程如图 4-11 所示。

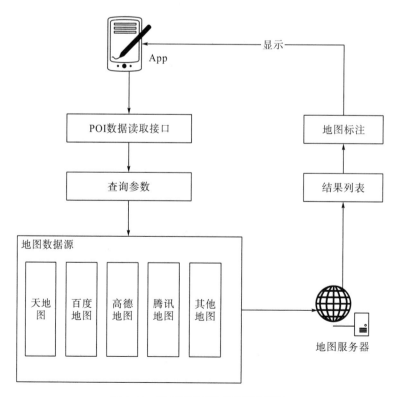

图 4-11　数据读取接口调用过程图

POI 数据读取接口相关类和方法设计见表 4-10。

表 4-10 POI 数据读取接口定义

接口类	方 法	描 述
PoiSearch	newInstance( )	创建 POI 检索实例
	OnGetPoiSearchResultListener( )	创建 POI 检索监听者
	onGetPoiResult（PoiResult result）	获取 POI 检索结果
	onGetPoiDetailResult（PoiDetailResult result）	获取 Place 详情页检索结果
	setOnGetGeoCodeResultListener（listener）	设置地理编码检索监听者
	searchInCity（（new PoiCitySearchOption( )） . city（"城市"） . keyword（"关键字"） . pageNum（10））	发起检索请求
	destroy( )	释放 POI 检索实例
	searchNearby( )	周边检索
	searchInBound( )	区域检索

5. 导航接口

导航接口可以分析两点间的最佳路径，并根据当前位置进行导引。根据移动目标的位置变化，计算并实时显示用户在地图上的位置，通过调用各地图服务提供的导航功能，发起最优路径规划（如时间最短、距离最短或者费用最低等）计算。由于不同行业应用对位置精度的要求不同，该接口还支持单点定位及北斗 YNCORS 提供的亚米级高精度定位，以满足各行业的需求。

导航接口调用过程如图 4-12 所示。

导航接口相关类和方法设计见表 4-11。

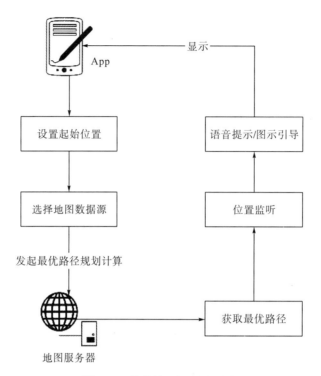

图 4-12　导航接口调用过程图

表 4-11　导航接口定义

接口类	方　　法	描　　述
BikeNavigateHelper	getInstance( )	获取导航控制类
	initNaviEngine( )	引擎初始化
	onGetPoiResult(PoiResult result)	获取 POI 检索结果
	routePlanWithParam( )	发起路径计算
	startBikeNavi(Activity)	开始导航
	setRouteGuidanceListener( )	设置监听
	setTTsPlayer( )	语音播报

6. 距离计算接口

距离计算接口根据地图上两个点坐标，计算两点之间的实际距离。距离计算接口封装了一个统一的计算入口，根据所选地图数据源，调用地图数据源提供的距离量算功能来计算两点的实际距离。

距离计算接口调用过程如图 4-13 所示。

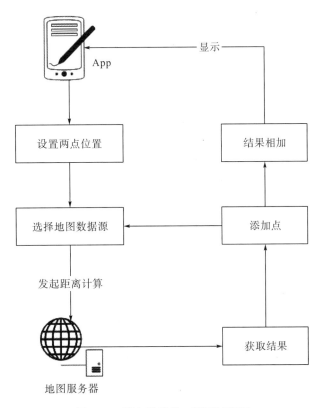

图 4-13 距离计算接口调用过程图

距离计算接口相关类和方法设计见表 4-12。

表 4-12 距离计算接口定义

接口类	方法	描述
DistanceUtil	getDistance(points)	计算 points 多点之间的直线距离，单位：m

4.4.3 管理维护服务接口组

SDK 的管理维护服务接口组用于支持开发者对应用进行维护和管理，包括：用户自定义地理编码、重编码；调用服务监控，通过数据请求和返回的时长确定服务质量；用户个人隐私权保护；有关定位信息使用日志记录；应用用户的意见反馈等。通过构建管理维护服务接口组，使开发者在应用前端拥有对地图服务和位置服务的管理、隐蔽、伪装和控制能力，还能收集用户使用中的意见及错误报告，便于 SDK 维护和升级。

1. 日志管理接口

日志管理接口是定义一套标准的日志信息模板，开发者在基于 SDK 进行二次开发时，可以通过该接口把用户使用过程中出现的错误日志，以日志模板中的格式进行记录，在有网络时传输到指定的服务器中，便于 SDK 的维护管理。

日志管理接口调用过程如图 4-14 所示。

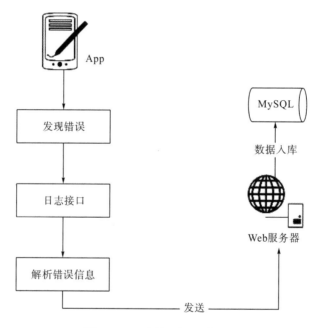

图 4-14　日志管理调用过程图

日志管理接口相关类和方法设计见表 4-13。

表 4-13　日志管理接口定义

接口类	方法	描述
LogUtil	writeLog(SDKLog log)	写日志
	readLog(String param)	读日志
	sendLog(SDKLog log)	发送日志到服务器
SDKLog		日志类

2. 请求查询接口

SDK 通过数据请求和返回的时长确定地图服务质量，从而进行地图服务的分发。开发者不再被动地通过后端地图服务商提供的复杂的服务管理工具来解决服务分发问题，开发者可以直接在前端通过自己设计的逻辑进行服务管理，有利于完全屏蔽应用前端、行业后端和服务器供应后端三者间的技术细节，有利于实现分层式应用设计。

请求查询接口调用过程如图 4-15 所示。

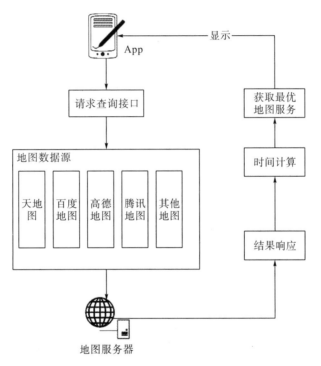

图 4-15　请求查询调用过程图

请求查询接口相关类和方法设计见表 4-14。

表 4-14　请求查询接口定义

接口类	方法	描述
RequestQueryUtil	getQueryTime(String url)	获取请求的服务质量，对服务进行管理

3. 地理编码维护接口

SDK 地理编码维护接口应支持用户特有的地理编码重编码。SDK 平台本身也提供地理编码服务。对于大多数用户来说，经常会遇到不得不处理的具有特殊含义的地点问题，这时用户若发布自己的地理编码服务会使成本变得非常高，而 SDK 设计的这个开放接口除了能读取各种形式的地理编码服务，还能处理规模较小的、通过文件形式虚拟的地理编码服务。该接口设计一个指定的格式，把需要重编码的地点按照这个格式写在一个 XML 文件中，当用户访问这个地点时，系统将先从 XML 文件中读取该地点的信息，这样就能实现虚拟地理编码服务。

地理编码维护接口调用过程如图 4-16 所示。

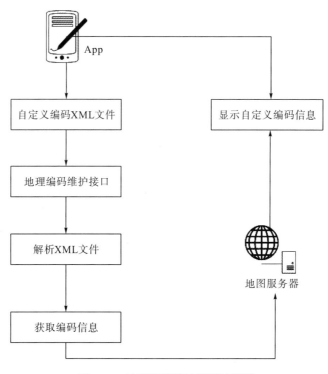

图 4-16　地理编码维护调用过程图

地理编码维护接口相关类和方法设计见表 4-15。

4. 隐私保护接口

SDK 封装了多种地图服务，在与各种地图服务进行服务访问时应考虑用户的信息及

接口类	方法	描述
geoCodUtil	getGeocoding(String feocodFile)	获取自定义的地理编码
	XMLParse( )	XML 解析

数据的保密，所以 SDK 的设计应与各种地图服务相隔离，用户不可以直接对封装的地图
服务进行数据交互，而是通过 SDK 的各个接口对地图服务进行访问。用户信息只与 SDK
交互，使地图服务无法获取用户的个人信息，用户数据通过该接口进行加密，可以确保在
SDK 端对用户数据进行保护；同时结合地理编码维护接口，又可使用户拥有对地图服务
和位置服务的管理、隐蔽、伪装和控制能力。

隐私保护接口主要从两个方面对用户的隐私进行保护，一方面，SDK 对数据进行加
密；另一方面，SDK 使用必须通过密钥进行验证。隐私保护接口调用过程如图 4-17
所示。

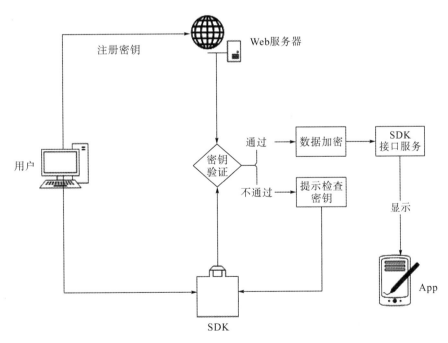

图 4-17   SDK 安全体系图

隐私保护接口相关类和方法设计见表 4-16。

表 4-16　隐私保护接口定义

接口类	方法	描述
PrivacyProtection	encryptData（Object obj）	对数据进行加密
	validationKey（String key）	Key 验证

5. 错误反馈接口

由于 SDK 面向各行业用户，使其一开始无法顾及所有用户的需求，所以 SDK 应该提供一个意见反馈接口，用户可以调用这个接口向服务器发送 SDK 使用中的不足和需要改进的意见，后台管理员可根据这些意见对 SDK 做进一步修改。

错误反馈接口调用过程如图 4-18 所示。

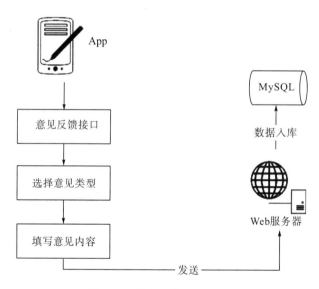

图 4-18　错误反馈调用过程图

错误反馈接口相关类和方法设计见表 4-17。

表 4-17　错误反馈接口定义

接口类	方法	描述
FeedBackUtil	sendFeedBack（String feedType，String feedContent）	feedType 是意见的类型，feedContent 是意见的内容

第 5 章　基于 Android 的 SDK 设计与开发

5.1　Android 开发环境搭建

按照 Google 官方的开发指引，Android 开发使用 Android Studio 作为开发工具，其下载地址见：http：//www. android-studio. org/index. php，如图 5-1 所示。

图 5-1　Android Studio 下载页面

Android Studio 安装：确保在安装 Android Studio 之前，已经安装好 Java JDK。打开 Android Studio 安装程序，将出现如图 5-2 所示的安装向导。

图 5-2　Android Studio 安装界面

点击如图 5-2 所示的"Next"按钮，将进入选择安装组件的对话框，如图 5-3 所示。

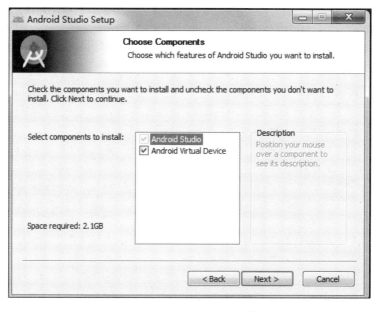

图 5-3　Android Studio 选择安装组件

点击"Next"按钮，则进入安装配置对话框，如图 5-4 所示。

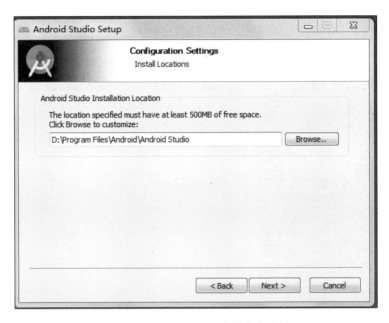

图 5-4 Android Studio 选择安装路径

直接使用默认值即可，点击"Next"按钮，进入"选择开始菜单"对话框，如图 5-5 所示。

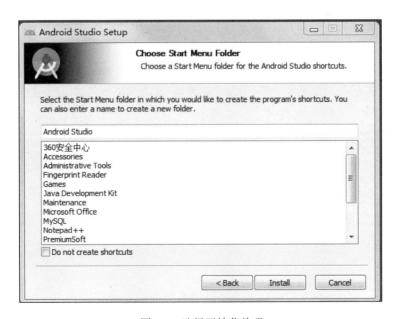

图 5-5 选择开始菜单项

　　点击"Install"按钮即开始正式的安装过程，一直到出现如图 5-6 所示的安装完成对话框，即说明 Android Studio 安装完成。

图 5-6　Android Studio 安装完成

　　在 Android studio 程序安装完毕，还需要继续对其进行配置，在安装完成对话框中勾选"Start Android Studio"，然后点击"Finish"启动 AS，出现如图 5-7 所示的对话框。

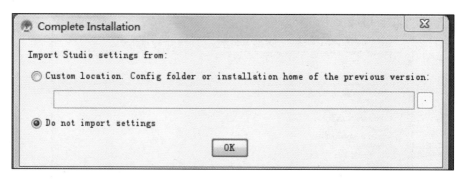

图 5-7　Android Studio 导入设置

　　选择第二项，然后点击"OK"，出现如图 5-8 所示的启动界面。

图 5-8　Android Studio 启动界面

在启动的时候会弹出如图 5-9 所示的对话框。

图 5-9　Android Stadio 插件安装对话框

点击"Cancel"，然后进入如图 5-10 所示的 Android 模拟器安装向导界面。

图 5-10　Android 模拟器设置向导

点击"Next"进入如图 5-11 所示的 UI 界面主题选择对话框，用户可以选择自己喜欢的风格，这里选择 Darcula 风格。

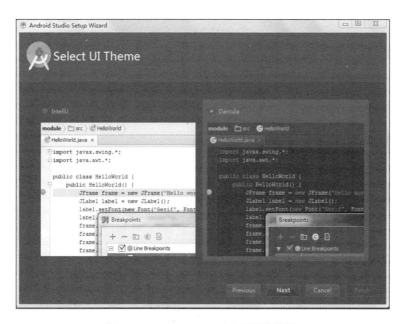

图 5-11　Android Studio 界面风格设置

之后进入 Android SDK 安装位置选择对话框，如图 5-12 所示。

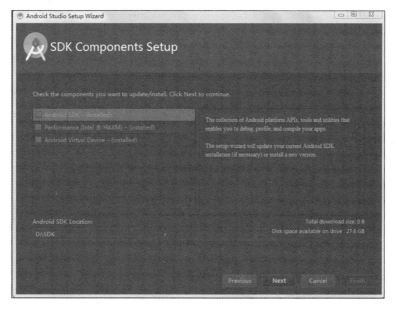

图 5-12　Android SDK 设置

如果当前计算机上已经安装 Android Studio 或其他 Android 开发工具，则需要指定系统中 Android SDK 的安装路径，后续就可以不用重复安装 Android SDK。在初次进行 Android Studio 安装时，在本地计算机上不存在 Android SDK，将出现如图 5-13 所示的 Android SDK 安装向导。

图 5-13　Android SDK 安装向导一

点击"Next"按钮，将进入如图 5-14 所示的安装配置检查对话框，初次安装不需要进行任何调整。

图 5-14　Android SDK 安装向导二

点击"Next"按钮，进入 Android SDK 下载对话框，如图 5-15 所示。

安装程序将开始进行 Android SDK 下载和设置工作，全程不需要人工进行干预，一直到安装结束，整个 Android 开发环境的搭建工作即告完成。

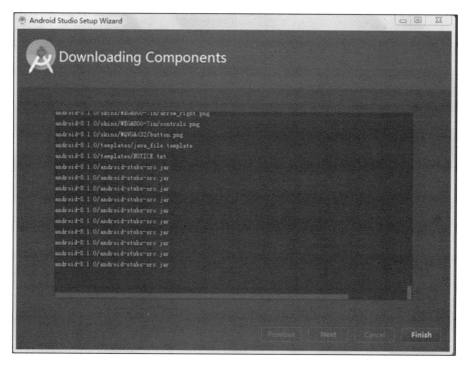

图 5-15　Android SDK 安装向导三

5.2　Android 开发基础

5.2.1　创建第一个工程

从 Windows 开始菜单或桌面快捷方式运行 Android Studio，将出现如图 5-16 所示的启动选择对话框，点击"Start a new Android Studio Project"创建工程。

将出现如图 5-17 所示的新建工程向导，接下来需要输入应用名称(第一个字母要大写)、公司域名以及指定应用存放目录，点击"Next"按钮，进入下一步。

如果第一个字母不是大写，会提示"The application name for most app begins with an uppercase letter"。

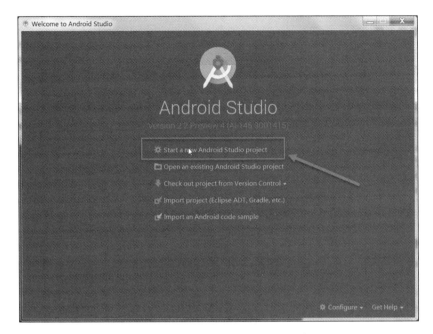

图 5-16 Android Studio 启动选择对话框

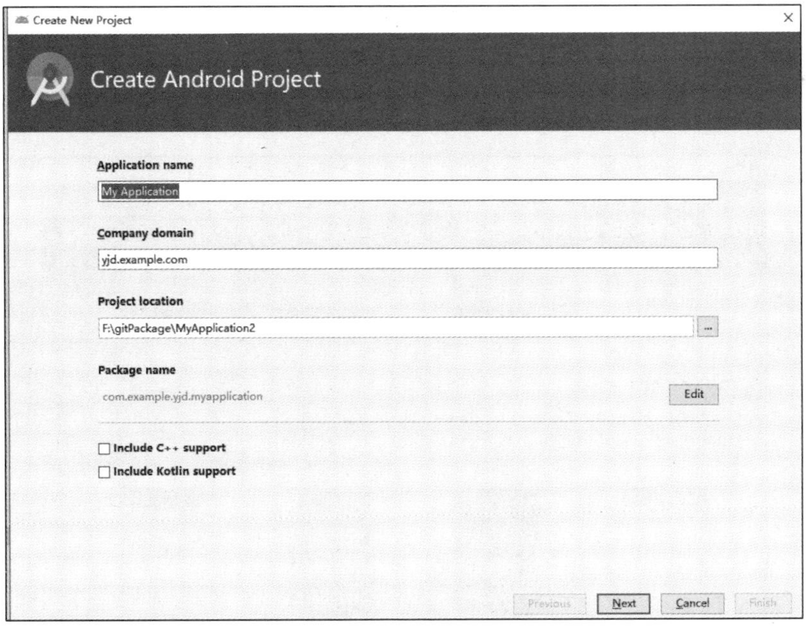

图 5-17 设置新项目

点击"Next"，将出现如图 5-18 所示的项目类型选择对话框。

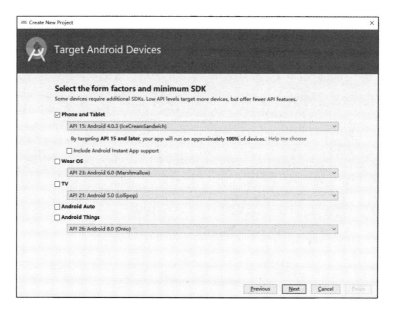

图 5-18 选择项目类型

对于新手来说，使用默认值即可，继续点击"Next"按钮，进入 Activity 试样设置对话框，如图 5-19 所示。

图 5-19 设置 Activity 样式

仍然使用系统默认值不做调整，继续点击"Next"按钮，就进入如图 5-20 所示的 Activity 配置对话框，然后需要给 Activity 和 Layout 起一个名字。

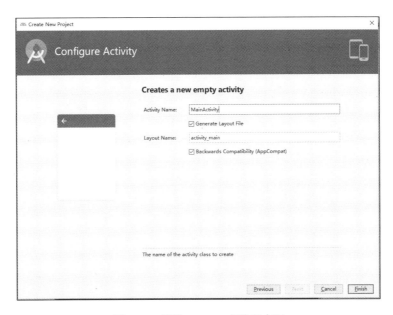

图 5-20　设置 Activity 名称和布局

点击"Finish"按钮后，Android Studio 开始创建并编译应用。编译结束后，即可以进入如图 5-21 所示的 Android Studio 的 IDE 界面。

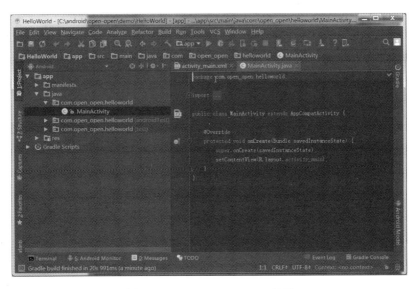

图 5-21　Android Studio IDE 界面

从图 5-21 可以看出，Android Studio 已经将工程项目有关文件创建完成并组织好。

5.2.2　Android Studio 目录结构介绍

在 Android Studio IDE 主界面的左侧，显示的是如图 5-22 所示的 Android Studio 项目目录结构，各文件及文件夹作用如下：

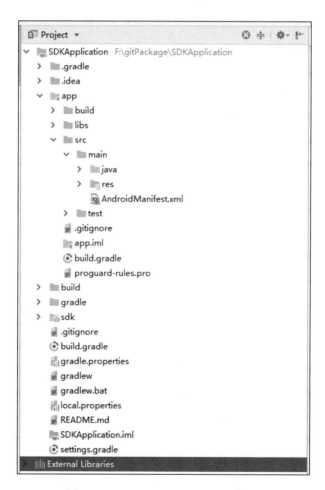

图 5-22　Android Studio 项目目录结构

（1）.gradle 文件夹：Gradle 构建工具工作文件夹，一般情况下不需要开发人员进行管理。

（2）.idea 文件夹：Android Studio IDE 工作文件夹，一般情况下也不需要开发人员进行管理。

（3）app 文件：应用相关文件的存放目录。

（4）app/build 文件：编译后产生的相关文件。

（5）app/libs 文件：存放相关依赖库。

（6）app/src/main/java 文件：代码存放目录。

（7）app/src/main/res 文件：资源文件存放目录（包括布局、图像、样式等）。

（8）app/src/main/AndroidMainfest.xml 文件：应用程序的基本信息清单，描述哪些组件是存在的。

（9）app/.gitignore 文件：git 版本管理忽略文件，标记出哪些文件不用进入 git 库中。

（10）app/app.iml 文件：Android Studio 的工程文件。

（11）app/build.gradle 文件：模块的 gradle 相关配置。

（12）app/proguard-rules.pro 文件：代码混淆规则配置。

（13）最外层的 build.gradle 文件：工程的 gradle 相关配置。

（14）最外层的 gradle.properties 文件：gradle 相关的全局属性设置。

（15）最外层的 local.properties 文件：本地属性设置（Key 设置，Android SDK 位置等属性）。

5.2.3 Android Studio 界面介绍

如图 5-23 所示，将 Android Studio IDE 界面分为 5 个区域作详细的讲解。

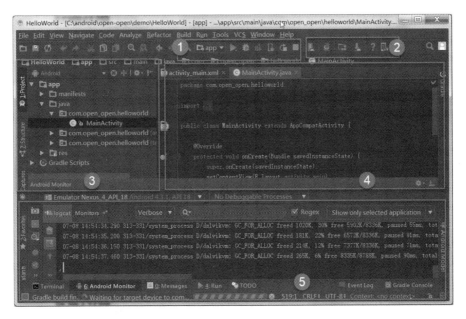

图 5-23　Android Studio IDE 界面介绍

1. 区域 1 介绍

区域 1 是运行和调试相关的工作按钮，如图 5-24 所示。

图 5-24　运行和调试工具条

①编译 2 中显示的模块。

②当前项目的模块列表。

③运行 2 中显示的模块。

④调试 2 中显示的模块。

⑤测试 2 中显示的模块代码覆盖率。

⑥调试 Android Studio 运行的进程。

⑦重新运行 2 中显示的模块。

⑧停止运行 2 中显示的模块。

2. 区域 2 介绍

区域 2 主要是和 Android 设备和虚拟机相关的操作按钮，如图 5-25 所示。

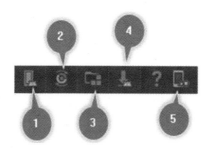

图 5-25　运行设备管理工具条

①虚拟设备管理。

②同步工程的 Gradle 文件，一般在 Gradle 配置被修改的时候需要同步一下。

③项目结构，一些项目相关的属性配置。

④Android SDK 管理。

⑤模拟器设置。

3. 区域 3 介绍

区域 3 主要是工程文件资源等相关的操作，具体如图 5-26 所示。

图 5-26　项目文件管理工具条

①展示项目中文件的组织方式，默认是以 Android 方式展示的，可选择 "Project、Packages、Scratches、ProjectFiles、Problems…" 等展示方式。平时用得最多的是 Android 和 Project 两种。

②定位当前打开文件在工程目录中的位置。

③关闭工程目录中所有的展开项。

④额外的一些系统配置，点开后是一个弹出类似图 5-27 的菜单。

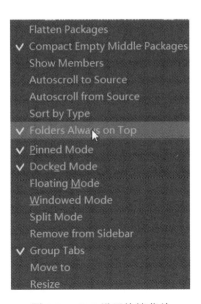

图 5-27　IDE 设置快捷菜单

如图 5-27 所示，勾选"Autoscroll to Source"和"Autoscroll from Source"，Android Studio 会自动定位当前编辑文件在工程中的位置，用起来会很方便。读者可以自己摸索、学习其他功能。

4. 区域 4 介绍

区域 4 主要是用来编写代码和设计布局，具体如图 5-28 所示。

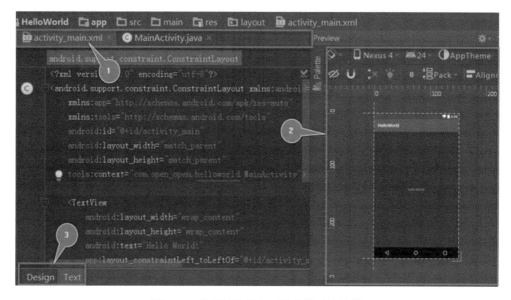

图 5-28　代码编辑器和可视化界面编辑器

①已打开文件的 Tab 页。（在 Tab 页上按下"Ctrl"键+点击鼠标，会出现一个弹出菜单，会有惊喜！）

②UI 布局预览区域。

③布局编辑模式切换，新手可以试试 Design 编辑布局，编辑后再切换到 Text 模式，对于学习 Android 布局设计很有帮助。

5. 区域 5 介绍

区域 5 主要用来查看日志和程序输出信息，如图 5-29 所示。

①终端：喜欢命令行操作的用户不用额外启动终端。

②监控：可以查看应用的一些输出信息。

③信息：工程编译的一些输出信息。

图 5-29　输出窗口组

④运行：应用运行后的一些相关信息。

⑤TODO：标有 TODO 注释的列表。

⑥事件：一些事件日志。

⑦Gradle 控制台：通过这个可以了解 Gradle 构建应用时候的一些输出信息。

5.2.4　应用开发调试

在图 5-30 中，标签 1 所示位置在需要调试的行号处，点击设置断点，然后点击标签 2 所示位置的"Debug"按钮（或直接按下"Shift+F9"快捷键），开始调试。

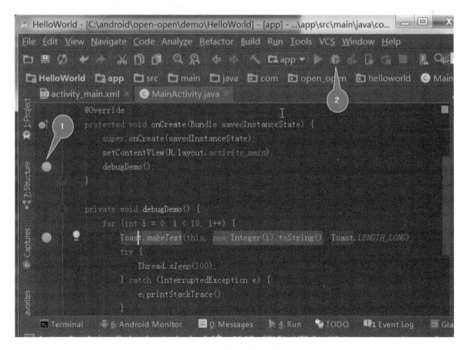

图 5-30　应用设计方法

如图 5-31 所示，Android Studio 下方出现了调试视图。

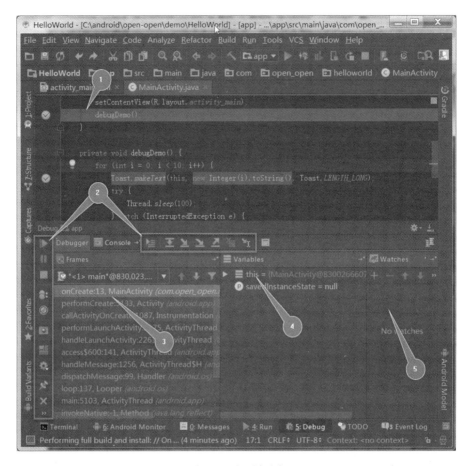

图 5-31　调试视图

①当前程序停留的代码行。

②调试相关的一些按钮。

③程序调用栈区，该区域显示了程序执行到断点处所调用过的所有方法，越是下面的方法，越早被调用。

④局部变量观察区。

⑤用户自定义变量观察区。

在程序调试运行时，标签 2 所示区域内的按钮也会有所变化，如图 5-32 所示。程序执行调试器的各按钮功能说明如下。

①Step Over(F8)：程序向下执行一行，如果当前行有方法调用，这个方法执行完毕返回，然后到下一行。

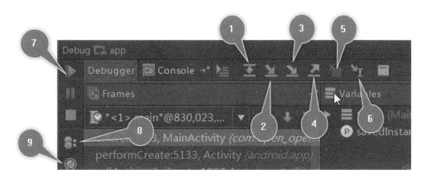

图 5-32 程序执行调试器

②Step Into(F7)：程序向下执行一行，如果当前行有用户自定义方法(非官方类库方法)调用，则进入该方法。

③Force Step Into(Alt+Shift+F7)：程序向下执行一行，如果当前行有方法调用，则进入该方法。

④Step Out(Shift+F8)：在调试使用 Stop Into 进入函数、方法等代码段内部之后，可以使用 Step Out 跳出该代码段，返回到该代码段被调用处的下一行代码。

⑤Drop Frame：点击该按钮后，将返回到当前方法的调用处重新执行，并且所有上下文变量的值也回到原值。只要调用链中还有上级方法，就可以跳到其中的任何一个方法。

⑥Run to Cursor(Alt+F9)：一直运行到光标所在的位置。

⑦Resume Program(F9)：一直运行程序直到碰到下一个断点。

⑧View Backpoints(Ctrl+Shift+F8)：查看所有设置过的断点并可以设置各个断点的属性。

⑨Mute Backpoints：选中后所有的断点被设置成无效状态。再次点击，可以重新设置所有断点有效。

在点击"View Backpoints"按钮后，会出现一个断点属性窗口，可以对断点进行一些更高级的设置。

在程序调试过程中，开发人员可以设置断点，Android Studio 提供如图 5-33 所示的断点设置功能。

①列出了所有程序中设置的断点。

②可以输入条件，在条件成立后断点才起作用(例如：在输入框中输入"i＝＝8")，这种带条件断点在实际开发过程中非常有用。也可以通过右键点击断点来设置条件断点，如图 5-34 所示。

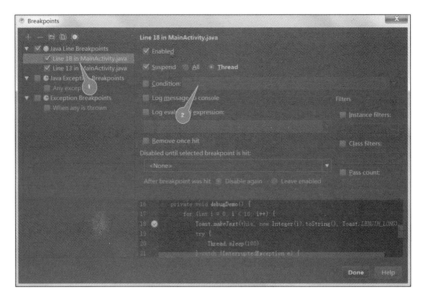

图 5-33　断点设置

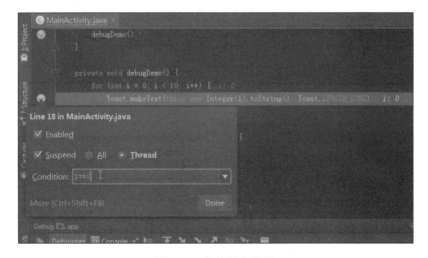

图 5-34　条件断点设置

5.2.5　应用打包签名

1. 基础

一个 Android Studio 项目中，会存在多个 . gradle 文件。其中，project 目录下存在一个 build. gradle 文件和每一个 module 会存在一个 build. gradle 文件。

工程中的 build. gradle：

```
1.buildscript {
2.repositories {
3.    jcenter()    //声明使用 maven 仓库
4.}
5.dependencies {
6.    //依赖 android 提供的 2.1.0-alpha5 的 gradle build
7.    classpath 'com.android.tools.build:gradle:2.1.0-alpha5'
8.  }
9.}
10.//为所有工程的 repositories 配置为 jcenters
11.allprojects {
12.  repositories {
13.    jcenter()
14.  }
15.}
16.//清楚工程的任务
17.task clean(type: Delete) {
18.  delete rootProject.buildDir
19.}
```

模块中的 build. gradle：

```
1.//这表示该 module 是一个 app module
2.apply plugin:'com.android.application'
3.android {
4.//基于哪个版本编译
5.compileSdkVersion 26
6.//基于哪个构建工具版本进行构建的
7.buildToolsVersion "26.0.2"
8.//缺省配置主要包括:应用 ID,最小 SDK 版本,目标 SDK 版本,应用版本号、应用版
  本名
9.defaultConfig {
10.    applicationId "open_open.com.helloworld"
11.    minSdkVersion 10
12.    targetSdkVersion 26
13.    versionCode 1
14.    versionName "1.0"
```

```
15.}
16.//buildTypes 是构建类型,常用的有 release 和 debug 两种,可以在这里面
      启用混淆,启用 zipAlign 以及配置签名信息等
17.buildTypes {
18.    release {
19.        minifyEnabled false
20.            proguardFiles getDefaultProguardFile('proguard-
    android.txt'),'proguard-rules.pro'
21.    }
22.}
23.}
24.//dependencies 定义了该 module 需要依赖的 jar,aar,jcenter 库信息
25.dependencies {
26.    compile fileTree(dir:'libs',include: ['*.jar'])
27.    testCompile 'junit:junit:4.12'
28.    compile 'com.android.support:appcompat-v7:26.2.1'
29.}
```

2. 打包签名

选择"Build"→"Generate Signed APK…",如图 5-35 所示。

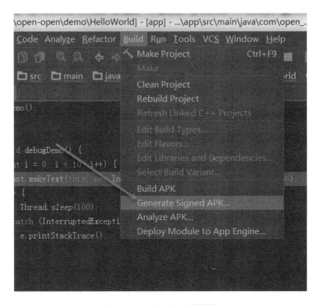

图 5-35　应用签名菜单

在弹窗中点击"Next"按钮，出现如图 5-36 所示的对话框。

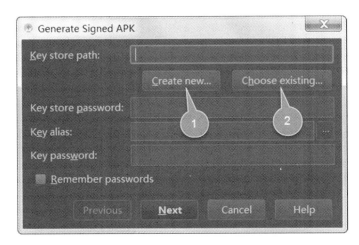

图 5-36 应用 Key 选择

在没有 Key 的情况下，可以先点击"Create new…"按钮来创建一个 Key，创建过程很简单，如图 5-37 所示。

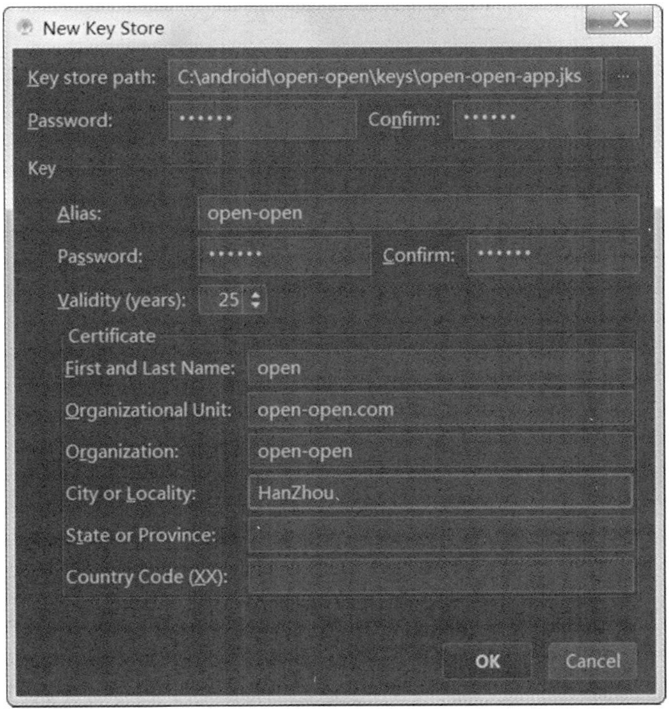

图 5-37 应用 Key 保存设置

如果开发者已经获得并保存了 Key 文件，可以点击"Choose existing…"按钮，选择已经存在的 Key 文件(.jks 文件)位置，如图 5-38 所示。

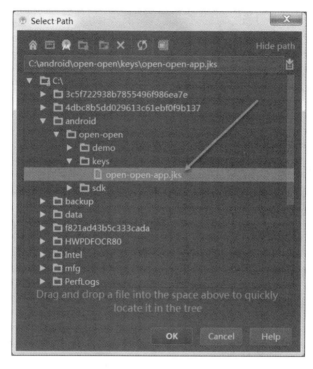

图 5-38　应用 Key 存储位置

在"Key store password"和"Key password"中输入密码(在创建 Key 的时候输入的那两个密码)，点击"Next"按钮，出现应用签名对话框，如图 5-39 所示。

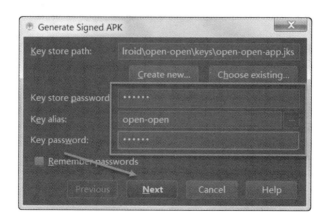

图 5-39　应用签名

接下来，点击"Finish"按钮，等待 Android Studio 打包签名完成，签名完成后 Android Studio 会显示如图 5-40 所示的提示信息。

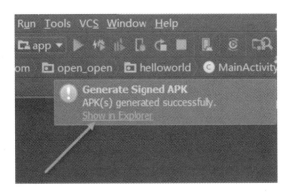

图 5-40 应用签名完成

点击"Show in Explorer"，即可以找到签名好的 APK 文件，如图 5-41 所示。

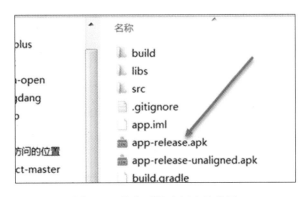

图 5-41 签名后的应用存储位置

5.3 Android 版 SDK 开发指南

5.3.1 创建项目

1. Android Studio 工程配置

推荐使用 Android Studio 作为 Android 开发工具。

第一步：将开发包拷贝到工程。

从"天地图·云南"官网的产品下载中心下载最新版本的开发包并解压。解压后，会得到一个 sdk_release. aar 文件，在 Android Studio 工程的 app/libs 目录下放入 sdk_release. aar 包，如图 5-42 所示。

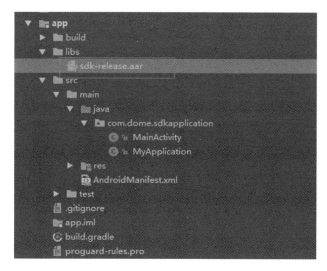

图 5-42　项目库引入位置

第二步：往工程中添加 jar 文件。

方法：工程配置还需要把 aar 包集成到自己的工程中，如图 5-42 所示，放入 libs 目录下。选择 Android Studio 右上角的工具栏选项"project Structure"，在弹出框选择 App 模块，在模块的 Dependencies 里添加 libs 目录下的 AAR 文件，导入工程中，如图 5-43 所示。

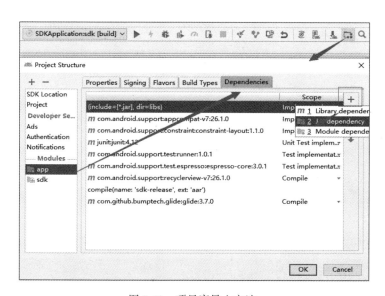

图 5-43　项目库导入方法

同时在 build. gradle 中会生成工程所依赖的对应的 jar 文件说明，代码如图 5-44 所示。

```
app ×
1    apply plugin: 'com.android.application'
2
3    android {
4        compileSdkVersion 26
5        defaultConfig {
6            applicationId "com.dome.sdkapplication"
7            minSdkVersion 14
8            targetSdkVersion 26
9            versionCode 1
10           versionName "1.0"
11           testInstrumentationRunner "android.support.test.runner.AndroidJUnitRunner"
12       }
13       buildTypes {
14           release {
15               minifyEnabled false
16               proguardFiles getDefaultProguardFile('proguard-android.txt'), 'proguard-rules.
17           }
18       }
19       repositories {
20           flatDir {
21               dirs 'libs' //this way we can find the .aar file in libs folder
22           }
23       }
24       lintOptions {
25           abortOnError false
26       }
27       buildToolsVersion '26.0.2'
28   }
29
30   dependencies {
31       implementation fileTree(include: ['*.jar'], dir: 'libs')
32       implementation 'com.android.support:appcompat-v7:26.1.0'
33       implementation 'com.android.support.constraint:constraint-layout:1.1.0'
34       testImplementation 'junit:junit:4.12'
35       androidTestImplementation 'com.android.support.test:runner:1.0.1'
36       androidTestImplementation 'com.android.support.test.espresso:espresso-core:3.0.1'
37       compile 'com.android.support:recyclerview-v7:26.1.0'
38       compile(name: 'sdk-release', ext: 'aar')
39       compile 'com.github.bumptech.glide:glide:3.7.0'
40   }
```

图 5-44　导入 gradle 文件

2. 开发者密钥申请

北斗 YNCORS+地理信息服务平台中间件 SDK 基于多种地图服务开发，所以在注册时不仅要注册北斗 YNCORS+地理信息服务平台中间件 SDK 的密钥，还需要注册百度地图、高德地图、腾讯地图的服务密钥。

密钥获取首先要注册成为北斗 YNCORS+地理信息服务平台中间件 SDK 的开发者，开发者注册需要提交的信息和要求见图 5-45 所示。

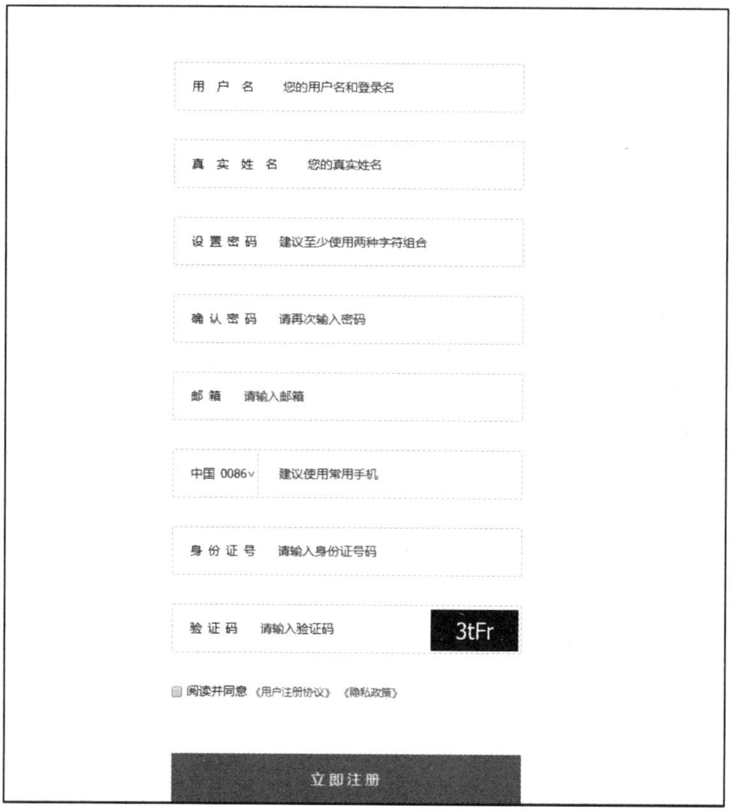

用 户 名　您的用户名和登录名
真 实 姓 名　您的真实姓名
设 置 密 码　建议至少使用两种字符组合
确 认 密 码　请再次输入密码
邮 箱　请输入邮箱
中国 0086∨　建议使用常用手机
身 份 证 号　请输入身份证号码
验 证 码　请输入验证码
3tFr
阅读并同意《用户注册协议》《隐私政策》
立即注册

图 5-45　申请开发者 Key

注册信息通过后台管理人员审核之后，开发者即可登录系统，并在控制台里创建自己的服务密钥，如图 5-46 所示。

产品下载
常见问题
测试,您好
退出登录
控制台
个人中心
意见中心

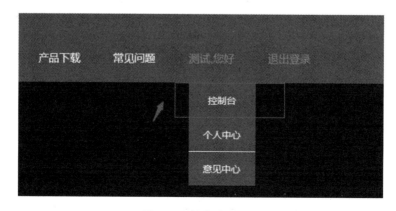

图 5-46　创建服务 Key

然后，即可如图 5-47 所示，点击"创建新的应用"。

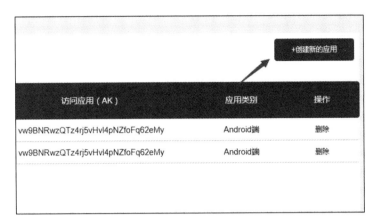

图 5-47 应用列表

如图 5-48 所示，填写对应的内容。

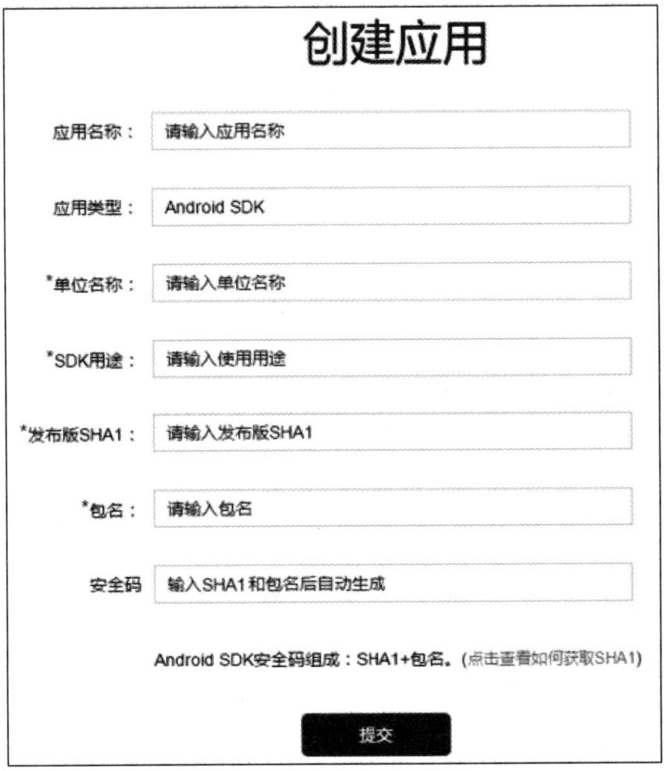

图 5-48 创建新应用

注意：填写完 SHA1 码和包名会自动生成安全码。

获取 SHA1 值：调试版本（debug）和发布版本（release）下的 SHA1 值是不同的，发布 apk 时需要根据发布 apk 对应的 keystore 重新配置 Key（这里使用的是调试版本，在开发时请使用开发版本）。

Android 签名证书的 SHA1 值获取方式如下所示。

（1）进入 Windows 命令行模式，如图 5-49 所示。

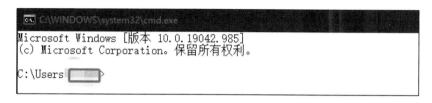

图 5-49　Android 签名证书的 SHA1 值获取步骤一

（2）进入 . android 目录，如图 5-50 所示。

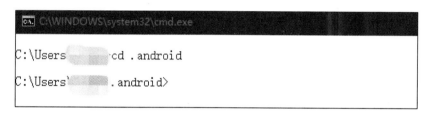

图 5-50　Android 签名证书的 SHA1 值获取步骤二

（3）查看 keystore 内容。

调试版本使用：keytool -list -v -keystore debug. keystore。

发布版本使用：keytool -list -v -keystore apkname。

然后输入密钥库口令即可。

3. Hello Map

北斗 YNCORS+地理信息服务平台中间件 SDK 为开发者提供了便捷的显示多地图（"天地图"、百度地图、腾讯地图、高德地图）数据的接口，通过以下几步操作，即可在应用中使用各地图数据。

（1）创建并配置工程，具体方法参见"Android Studio 配置"。

（2）新建 MyApplication 类继承 Application，并在 AndroidManifest. xml 配置文件中的 <application>标签中添加 android：name ="×××.×××.×××(包名). MyApplication"。

Application 类代码如下：

```
1.import android.app.Application;
2.import android.content.Context;
3.import com.baidu.mapapi.SDKInitializer;
4./* *
5. * Created by Administrator on 2018-04-18.
6. * /
7.
8.public class MyApplication extends Application {
9.
10.    private static Context context;
11.    @ Override
12.    public void onCreate() {
13.        super.onCreate();
14.        context =getApplicationContext();
15.        SDKInitializer.initialize(context);
16.    }
17.public static Context getContext() {
18.    return context;
19.    }
20.}
```

AndroidManifest. xml 代码如下：

```
1.<? xml version ="1.0" encoding ="utf-8"? >
2.<manifest xmlns:android = "http://schemas.android.com/apk/res/
    android" package ="com.dome.sdkapplication">
3.    <application
4.        android:name ="com.dome.sdkapplication.MyApplication"
5.        android:allowBackup ="true"
6.        android:icon ="@ mipmap/sdk_logo_color"
7.        android:label ="@ string/app_name"
```

```
8.          android:roundIcon = "@ mipmap/ic_launcher_round"
9.          android:supportsRtl = "true"
10.          android:theme = "@ style/AppTheme">
11.      </application>
12.
13.</manifest>
```

（3）在 application 中分别添加北斗 YNCORS+地理信息服务平台中间件 SDK、百度地图 SDK、高德地图 SDK、腾讯地图 SDK 的开发密钥。

```
1.<? xml version = "1.0" encoding = "utf-8"? >
2.<manifest xmlns:android = "http://schemas.android.com/apk/res/
    android" package = "com.dome.sdkapplication">
3.
4.    <application
5.          android:name = "com.dome.sdkapplication.MyApplication"
6.          android:allowBackup = "true"
7.          android:icon = "@ mipmap/sdk_logo_color"
8.          android:label = "@ string/app_name"
9.          android:roundIcon = "@ mipmap/ic_launcher_round"
10.          android:supportsRtl = "true"
11.          android:theme = "@ style/AppTheme">
12.
13.      <meta-data
14.          android:name = "com.yncors.api.API_KEY"
15.          android:value = " SGO3Gl * * * * * * * * * * * * *
            0GSGG1mR4x" />
16.
17.      <meta-data
18.          android:name = "com.baidu.lbsapi.API_KEY"
19.          android:value = " SGO3GlA * * * * * * * * * * * *
            0GSGG1mR4x" />
20.
21.      <meta-data
```

22.　　　　android:name="com.amap.api.v2.apikey"

23.　　　　android:value="3abc48412c5a＊＊＊＊＊＊＊＊＊＊＊
38661"/>

24.　　　<meta-data

25.　　　　android:name="TencentMapSDK"

26.　　　　android:value="BQ2BZ-MFB＊＊＊＊＊＊＊＊＊＊＊＊
＊＊＊77-LWFFZ" />

27.

28.　　</application>

29.</manifest>

(4)添加所需权限(注意：权限应添加在 application 之外，如添加到 application 内部，会导致无法访问网络，不显示地图)。

1.<? xml version="1.0" encoding="utf-8"? >

2.<manifest xmlns:android="http://schemas.android.com/apk/res/android" package="com.dome.sdkapplication">

3.

4.　　< uses - permission android: name = " com.android.launcher.permission.READ_SETTINGS" />

5.　　<uses-permission android:name="android.permission.WRITE_SETTINGS" />

6.　　<uses-permission android:name="android.permission.GET_TASKS" />

7.　　< uses - permission android: name = " android.permission.CAMERA" />

8.　　<uses-permission android:name="android.permission.WAKE_LOCK" />

11.

10.　　<! --用于进行网络定位-->

11.　　<uses-permission android:name="android.permission.ACCESS_COARSE_LOCATION" />

12.　　<! --用于访问GPS定位-->

13.　　<uses-permission android:name="android.permission.ACCESS_

FINE_LOCATION" />

14.　　<! --用于获取运营商信息,用于支持提供运营商信息相关的接口-->

15.　　<uses-permission android:name = "android.permission.ACCESS_
NETWORK_STATE" />

16.　　<! --用于访问 wifi 网络信息,wifi 信息会用于进行网络定位-->

17.　　<uses-permission android:name = "android.permission.ACCESS_
WIFI_STATE" />

18.　　<! --用于获取 wifi 的获取权限,wifi 信息会用来进行网络定位-->

19.　　<uses-permission android:name = "android.permission.CHANGE_
WIFI_STATE" />

20.　　<! --用于访问网络,网络定位需要上网-->

21.　　< uses - permission android: name = " android.permission.
INTERNET" />

22.　　<! --用于读取手机当前的状态-->

23.　　<uses-permission android:name = "android.permission.READ_
PHONE_STATE" />

24.　　<! --用于写入缓存数据到扩展存储卡-->

25.　　<uses-permission android:name = "android.permission.WRITE_
EXTERNAL_STORAGE" />

26.　　<! --用于申请调用 A-GPS 模块-->

27.　　<uses-permission android:name = "android.permission.ACCESS_
LOCATION_EXTRA_COMMANDS" />

28.　　<! --用于申请获取蓝牙信息进行室内定位-->

29.　　< uses - permission android: name = " android.permission.
BLUETOOTH" />

30.　　< uses - permission android: name = " android.permission.
BLUETOOTH_ADMIN" />

31.

32.</manifest>

(5)创建地图对象, 设置地图属性。

1.import android.content.Intent;

2.import android.content.res.XmlResourceParser;

```
3.import android.os.Bundle;

4.import android.os.Handler;

5.import android.os.Message;

6.import android.support.v7.app.AppCompatActivity;

7.import android.util.Log;

8.import android.view.View;

9.import android.widget.AdapterView;

10.import android.widget.ArrayAdapter;

11.import android.widget.ListView;

12.import android.widget.Toast;

13.

14.import com.yncors.mapapi.LocationServiceTest;

15.import com.yncors.mapapi.ReportsActivity;

16.import com.yncors.mapapi.ShowMapBaidu;

17.import com.yncors.mapapi.TdtYnActivity;

18.import com.yncors.mapapi.geocodeMaintain.GeocodeBean;

19.import com.yncors.mapapi.geocodeMaintain.XmlResUtil;

20.import com.yncors.mapapi.mapEntity.MapStaticConstant;

21.import com.yncors.mapapi.mapEntity.YncorsMap;

22.import com.yncors.mapapi.mapEntity.YncorsMarker;

23.import com.yncors.mapapi.mapinterfaceImp.ReportsHttpImp;

24.import com.yncors.mapapi.mapinterfaceImp.ReportsImp;

25.import com.yncors.mapapi.mapinterfaceImp.StartMapImp;

26.import com.yncors.mapapi.protocol.TaskDispatcher;

27.import com.yncors.mapapi.utils.AlertDialogUtil;

28.import com.yncors.mapapi.utils.ErrorLogUtil;

29.import  com. yncors. mapapi. utils. SubmitDataByHttpClient
   AndOrdinaryWay;

30.import com.yncors.mapapi.utils.entity.SdkErrorLog;

31.

32.import java.util.ArrayList;

33.import java.util.HashMap;
```

```
34. import java.util.List;
35. import java.util.Map;
36.
37. import static com.dome.sdkapplication.R.string.reports_http;
38.
39. public class MainActivity extends AppCompatActivity {
40.     private ListView Lv = null;
41.     private ReportsHttpImp reportsHttpImp = new ReportsHttpImp();
42.     private StartMapImp startMapImp = new StartMapImp();
43.     private boolean flag;
44.
45.     @Override
46.     protected void onCreate(Bundle savedInstanceState) {
47.         super.onCreate(savedInstanceState);
48.         setContentView(R.layout.activity_main);
49.
50.         Intent intent = new Intent(MainActivity.this,ShowMap
            Baidu.class);
51.         //设置 map 属性
52.         YncorsMap yncorsMap = new YncorsMap();
53.         yncorsMap.setLat(24.883593);
54.         yncorsMap.setLng(102.836292);
55.         yncorsMap.setZoom(12);
56.                         yncorsMap.setMapType(MapStatic
            Constant.MAP_TYPE_NORMAL);
57.         yncorsMap.setTrafficEnabled(true);
58.         yncorsMap.setLocationEnabled(true);
59.         yncorsMap.setMapSwitch(true);
60.         yncorsMap.setShowReport(true);
61.         List < YncorsMarker > markers = new ArrayList < Yncors
            Marker>();
62.         YncorsMarker marker = new YncorsMarker();
```

```
63.        marker.setLat(24.883593);
64.        marker.setLng(102.836292);
65.        marker.setTitle("昆明市");
66.        marker.setSnippet("测试");
67.        markers.add(marker);
68.        yncorsMap.setMarkers(markers);
69.        intent.putExtra("yncors",yncorsMap);
70.                startMapImp.startMapActivity(MainActivity.
        this,intent);
71.    }
72.}
```

完成以上步骤后，运行程序，即可在应用中显示地图。

4. 开发注意事项

（1）开发包系统兼容性：

①支持 5 种 CPU 架构：armeabi、armeabi-v7a、arm64-v8a、x86、x86_64。

②支持 Android v4.0 以上系统。

（2）添加开发者 Key：

①为了保证 Android SDK 的功能正常使用，需要申请北斗 YNCORS+地理信息服务平台中间件 SDK、百度地图 SDK、高德地图 SDK、腾讯地图 SDK 的开发密钥，并且配置到项目中。

②重写 application，并在 AndroidManifest. xml 配置文件中的<application>标签中添加（代码见 Hello Map）。

5.3.2 协议池服务

北斗 YNCORS+地理信息服务 SDK 的自动匹配协议池包含两个方面的内容。一是位置服务协议池，该协议池通过匹配传入的位置信息特征，采用不同的位置服务协议来解析各种各样的位置数据；二是地理信息服务协议池，该协议池通过匹配传入的地图服务特征，配置相对应的地图服务协议解析接口，自动解析各种地图服务。

协议池的构建能有效地解决繁多的定位协议和地图协议在 LBS 和 GIS 应用开发过程中对应用开发本身的干扰作用。实际操作中，用户只需向标准化的接口中传入需要解析的服务地址，就能自动匹配或由用户自己指定一个对应的协议解析器，进行服务解析，并智能化地判断用户终端。

1. NTRIP 协议

NTRIP(Networked Transport of RTCM via Internet Protocol)是构建 CORS 的基础协议之一。[11]它规定了 GNSS 客户端访问连续运行卫星定位导航服务的方法。在 NTRIP 协议中，定义了 NtripCaster 和 NtripClient 进行通信的方式实现对定位数据的差分处理过程。

NtripCaster 一般是一台固定 IP 地址的服务器，它负责接收、发送差分数据；NtripClient 一般是 GNSS 设备；NtripClient 设备首先登录到 NtripCaster，然后发送自身的坐标给 NtripCaster；NtripCaster 选择或产生差分数据，将结果发送给 NtripClient。这样 GPS 流动站即可实现高精度的差分定位。

SDK 基于 NTRIP 协议，封装了 YNCORS 提供的差分服务，用户可以在不了解 NTRIP 协议的情况下通过简单的方法调用得到精确的差分定位数据。

2. 位置服务协议池

SDK 封装了位置服务协议池接口，接口根据用户传入的位置信息特征，采用不同的位置服务协议来解析各种各样的位置数据，接口还封装了 NTRIP 网络通信协议接口，用于登录访问 YNCORS 的源列表及获取高精度差分数据。

用户通过提供的 YNCORS 的账号、密码、服务的 IP/端口等信息，调用 NTRIP 协议接口获取源列表；再将通过位置服务协议池接口解析的位置数据发送到 YNCORS，在回调函数里获取 YNCORS 返回的差分数据；用户获取到差分数据后调用差分设备的差分芯片来解析差分数据。

访问 YNCORS 用的是 NTRIP 网络通信协议，具体接口设计如下。

(1)获取源列表 SourceList，接口说明见表 5-1。

表 5-1　获取源列表的接口定义

接口定义	方法	描述
SourceList	SourceList( )	构造函数
	getSourceList( )	获取源列表
	SourceListListener	资源监听

示例代码：

```
1.@ Override
```

```
2.protected void onCreate(Bundle savedInstanceState){
3.super.onCreate(savedInstanceState);
4.    setContentView(R.layout.activity_cors);
5.    butLogin = findViewById(R.id.loginBut);
6.    butDisLogin = findViewById(R.id.disLoginBut);
7.    textView_receive = findViewById(R.id.textView);
8.    webMap =  findViewById(R.id.showMap1);
7.
10.    UserInfo userInfo =new UserInfo();
11.    userInfo.setIpAddress("183.224.87.216");
12.    userInfo.setPort(22000);
13.
14.    AddressInfo addressInfo =new AddressInfo();
15.    addressInfo.setIp(userInfo.getIpAddress());
16.    addressInfo.setPort(userInfo.getPort());
17.
18.    SourceList sourceList =new SourceList(addressInfo);
19.    sourceList.getSorceList(new SourceList.SourceListListener(){
20.        @Override
21.        public void onStatus(EnumGetSourceListStatus enumGet
    SourceListStatus){
22.            if( enumGetSourceListStatus = = EnumGetSourceList
    Status.TIME_OUT){
23.                Log.d("SourceList","TIME_OUT");
24.            }
25.        }
26.
27.    @Override
28.    public void onList(List<Ntriprecord> list){
29.
30.        //list 就是源列表
31.
```

```
32.          }
33.   });
34.}
```

（2）获取差分数据 DiffConnectManager，接口说明见表 5-2。

表 5-2　获取差分数据的接口定义

接口定义	方法	描　　述
DiffConnectManager	getInstance( )	实例化
	sendGga( )	发送 GGA 数据
	getStatus( )	获取连接状态
	Connect( )	需要参数：gga(GGA 数据)、DiffDataInfo(包含 IP，端口，用户名，密码，源点)； 返回参数：status(登录状态)、DiffData(差分数据)
	Disconnect( )	断开连接

获取差分数据接口可以为基于 Android 平台的移动端应用提供自动登录 Cors、自动获取差分数据、自动获取源列表的服务接口包，专注于为开发者提供便捷的高精度位置服务。

示例代码：

```
1.@ Override
2.protected void onCreate(Bundle savedInstanceState) {
3.    super.onCreate(savedInstanceState);
4.    setContentView(R.layout.activity_cors);
5.    butLogin = findViewById(R.id.loginBut);
6.    butDisLogin = findViewById(R.id.disLoginBut);
7.    textView_receive = findViewById(R.id.textView);
8.    webMap =  findViewById(R.id.showMap1);
9.
10.    mLocationManager = ((LocationManager) getSystemService
   (Context.LOCATION_SERVICE));
11.    if (ActivityCompat. checkSelfPermission (this, Manifest.
   permission.ACCESS_FINE_LOCATION) ! = PackageManager. PER
```

```
    MISSION_GRANTED) {
12.    // TODO: Consider calling
13.    ActivityCompat.requestPermissions(this,
14.        new String [ ] {Manifest. permission. ACCESS _ FINE _
    LOCATION},1);
15.    }
16.      mLocationManager. addNmeaListener ( new  GpsStatus.
    NmeaListener() {
17.      @ Override
18.        public void onNmeaReceived ( long  timestamp, String
    nmea) {
19.      if(nmea.startsWith( " $ GPGGA"))}
20.        ggaData = nmea;
21.      }
22.      Log.d( ">>>>>:",ggaData);
23.    }
24.    });
25.
26.    gpsListener =new CorsActivity.MyLocationListner();
27.
28.    UserInfo userInfo =new UserInfo();
29.    userInfo.setIpAddress( "183.224.87.216");
30.    userInfo.setPort(22000);
31.    userInfo.setSource( "RTCM32");
32.    userInfo.setUserName( "xxxx");
33.    userInfo.setUserPassword( "xxxx");
32.
35.    AddressInfo addressInfo =new AddressInfo();
36.    addressInfo.setIp(userInfo.getIpAddress());
37.    addressInfo.setPort(userInfo.getPort());
38.
39.    final DiffDataInfo mDiffDataInfo = new DiffDataInfo();
```

```
40.    mDiffDataInfo.setAddressInfo(addressInfo);
41.    mDiffDataInfo.setUserName(userInfo.getUserName());
42.    mDiffDataInfo.setPassWord(userInfo.getUserPassword());
43.    mDiffDataInfo.setSourcePoint(userInfo.getSource());
44.
45.    final DiffConnectManager diffConnectManager = DiffConnect
       Manager.getInstance();
46.    butLogin.setOnClickListener(new View.OnClickListener() {
47.        @Override
48.        public void onClick(View v) {
49.            Log.d(">>>>>","连接中......");
50.            diffConnectManager.connect(EnumDiffOperate.CORS,
       new ICallback() {
51.        @Override
52.        public void onState(EnumDiffStatus enumDiffStatus) {
53.                if(enumDiffStatus == EnumDiffStatus.LOGIN_
       SUCCESED){
54.                Log.d(">>>>>","连接成功......");
55.                runOnUiThread(new Runnable(){
56.                @Override
57.                public void run() {
58.                    textView_receive.setText(textView_
       receive.getText()+"\r\n"+"连接成功......");
59.                }
60.                });
61.                thread =new Thread(new Runnable() {
62.                @Override
63.                public void run() {
64.                    while (true){
65.                        Log.d(">>>>>","发送 GGA......");
66.                        if(!"".equals(ggaData)){
67.                            diffConnectManager.sendGga
       (ggaData.getBytes());
```

```
68.                              }
69.                              runOnUiThread(new Runnable(){
70.                              @Override
71.                              public void run() {
72.                                      textView_receive.setText
    (textView_receive.getText()+"\r\n"+ggaData);
73.                                  }
74.                              });
75.                              try{
76.                                  thread.sleep(1000);
77.                              }catch (InterruptedException e){
78.
79.                                  }
80.                              }
81.                          }
82.                      });
83.                  thread.start();
84.              }
85.          }
86.
87.      @Override
88.      public void onDiffData(byte[] bytes) {
89.
90.          String ds = UtilByte.toHexString(bytes);
91.          diffData = UtilByte.hexStr2Str(ds);
92.
93.          diffData =new String(bytes);
94.          runOnUiThread(new Runnable(){
95.              @Override
96.              public void run() {
97.                      textView_receive.setText(textView_receive.
    getText()+"\r\n"+diffData);
98.                  }
```

```
99.          });
100.          Log.d(">>>>>+++",diffData);
101.        }
102.
103.      @Override
104.      public DiffDataInfo getDiffDataInfo() {
105.          return mDiffDataInfo;
106.        }
107.    });
108.  }
109.  });
110.
111.  butDisLogin.setOnClickListener(new View.OnClickListener
      () {
112.      @Override
113.      public void onClick(View v) {
114.          diffConnectManager.disConnect();
115.          thread.stop();
116.          Log.d(">>>>>","断开连接");
117.        }
118.  });
119.
120.  webMap.setOnClickListener(new View.OnClickListener() {
121.      @Override
122.      public void onClick(View v) {
123.          Intent intent = new Intent (CorsActivity.this,
      TdtYnActivity.class);
124.          CorsActivity.this.startActivity(intent);
125.        }
126.  });
127.}
```

(3)常见问题有如下几项。

①无法获取差分数据或者登录失败：请打开网络设备，确保网络连接，差分 SDK 需要在有网络的条件下使用。

②差分 SDK 流程调用：如果在未完成 Cors 登录的情况下（未返回 LOGIN_SUCCESSED 时），直接调用 sendGga 方法，是没有办法拿到差分数据的；如果完成了 Cors 登录而没有调用 sendGga 方法，也不能获得差分数据。差分 SDK 正确的调用流程是，拿到源列表，首先设置 DiffDataInfo 对象，将 DiffDataInfo 对象传入后，创建一个接口回调，然后登录 Cors，登录成功之后，发送调用 sendGga 方法。

③差分区域不支持：正常启动差分 SDK 后，差分 SDK 将返回 1000（连接服务器成功），如果以某位置经纬度数据为参数调用 sendGga 方法后未取得差分数据，则说明该位置所在地区暂时没有提供差分服务。

3. 地理信息服务协议池

北斗 YNCORS+地理信息服务 SDK 提供一个统一的地图服务协议，该协议通过匹配传入的地图服务特征，配置相对应的地图服务协议解析接口，自动解析各种地图服务。SDK 规定一个统一的地图服务的模板（如 Map：//192.168.202.1：8080/function），然后通过协议解析接口，把地图服务模板拆分，解析成各种地图服务。接口支持的地图服务见表 5-3。

表 5-3 目前 SDK 支持的地图服务

Map	地图服务名称（ 百度地图：MapStaticConstant. BAIDU_MAP、 腾讯地图：MapStaticConstant. TENGXUN_MAP、 高德地图：MapStaticConstant. GAODE_MAP、 天地图：MapStaticConstant. TIANDITU_MAP）
192.168.202.1	地图服务的地址（域名）
8080	地图服务端口
function	地图服务的功能（MapStaticConstant. SHOW_MAP）

具体代码如下：

```
1.@ Override
2.protected void onCreate(Bundle savedInstanceState) {
3.    super.onCreate(savedInstanceState);
```

```
4.     setContentView(R.layout.activity_main);
5.
6.     TaskDispatcher taskDispatcher = new TaskDispatcher();//创建
       协议池对象
7.     Intent intent = new Intent(MainTestActivity.this,ShowMap
       Baidu.class);
8.     //设置 map 属性
9.     YncorsMap yncorsMap = new YncorsMap();
10.    yncorsMap.setLat(24.883593);
11.    yncorsMap.setLng(102.836292);
12.    yncorsMap.setZoom(12);
13.    yncorsMap.setMapType(MapStaticConstant.MAP_TYPE_NORMAL);
14.    yncorsMap.setTrafficEnabled(true);
15.    yncorsMap.setLocationEnabled(true);
16.    yncorsMap.setMapSwitch(true);
17.    yncorsMap.setShowReport(true);
18.    List<YncorsMarker> markers = new ArrayList<YncorsMarker>
       ();
19.    YncorsMarker marker = new YncorsMarker();
20.    marker.setLat(24.883593);
21.    marker.setLng(102.836292);
22.    marker.setTitle("昆明市");
23.    marker.setSnippet("测试");
24.    markers.add(marker);
25.    yncorsMap.setMarkers(markers);
26.    intent.putExtra("yncors",yncorsMap);
27.
28.    //启动协议池解析服务,自动分配任务
29.    String URL = MapStaticConstant.BAIDU_MAP
30.           +"://"+MapStaticConstant.DOMAIN
31.           +":"+MapStaticConstant.PORT
32.           +"/"+MapStaticConstant.SHOW_MAP;
```

```
33.    taskDispatcher.taskDispatcher(MainTestActivity.this,URL,
   yncorsMap);
34.}
```

5.3.3 核心功能服务接口组

1. YncorsMap 类介绍

YncorsMap 接口是电子地图与用户进行交互的核心接口，其主要属性见表 5-4。

表 5-4 YncorsMap 类定义

属性	类型	说明
Lng	Double	中心点经度
Lat	Double	中心点纬度
Zoom	int	地图缩放级别(默认为 12)
MapType	int	显示图层(默认为 1 普通图层)
TrafficEnabled	boolean	是否开启交通图(默认 false)
HeatMapEnabled	boolean	是否开启城市热力图(默认 false)
LocationEnabled	boolean	是否开启定位图层(默认 false)
MapSwitch	boolean	是否开启手动地图服务切换(默认 false)
ShowReport	boolean	是否显示目录服务(默认 true)
markers	List<YncorsMarker>	添加标注点

YncorsMarker 标注类核心代码说明如下：

```
1.public class YncorsMarker implements Serializable {
2.    /* *
3.     * 经度
4.     * /
5.    private Double lng;
6.    /* *
7.     * 纬度
8.     * /
9.    private Double lat;
```

```
10.    /**
11.     *图标
12.     */
13.    private int icon ;
14.    /**
15.     *点标记的标题
16.     */
17.    private String title ;
18.    /**
19.     *点标记的内容
20.     */
21.    private String snippet ;
22.    /**
23.     *是否可拖曳
24.     */
25.    private boolean draggable ;
26.    /**
27.     *是否可见
28.     */
29.    private boolean visible ;
30.
31.    public Double getLng() {
32.        return lng;
33.    }
34.
35.    public void setLng(Double lng) {
36.        this.lng = lng;
37.    }
38.
39.    public Double getLat() {
40.        return lat;
41.    }
```

```
42.
43.     public void setLat(Double lat) {
44.         this.lat = lat;
45.     }
46.
47.     public int getIcon() {
48.         return icon;
49.     }
50.
51.     public void setIcon(int icon) {
52.         this.icon = icon;
53.     }
54.
55.     public boolean getDraggable() {
56.         return draggable;
57.     }
58.
59.     public void setDraggable(boolean draggable) {
60.         this.draggable = draggable;
61.     }
60.
63.     public boolean getVisible() {
64.         return visible;
65.     }
66.
67.     public void setVisible(boolean visible) {
68.         this.visible = visible;
69.     }
70.
71.     public String getTitle() {
72.         return title;
73.     }
```

```
72.
75.    public void setTitle(String title) {
76.        this.title = title;
77.    }
78.
79.    public String getSnippet() {
80.        return snippet;
81.    }
82.
83.    public void setSnippet(String snippet) {
84.        this.snippet = snippet;
85.    }
86.}
```

2. 在线地图显示及定位接口

使用地图 SDK 之前，需要在 AndroidManifest.xml 文件中进行相关权限设置，确保地图功能可以正常使用。SDK 封装了百度地图、高德地图、腾讯地图、"天地图"四大地图服务，可自由切换不同地图来实现不同的功能，以下以百度地图为例。

SDK 支持 21 级的地图显示，如表 5-5 所示，为各地图类型支持的显示层级说明。

表 5-5　地图类型支持的显示层级

地图类型或图层类型	显示层级
2D 地图	4~21
3D 地图	19~21
卫星图	4~20
路况交通图	7~21
城市热力图	11~20

卫星图、城市热力图只支持显示到 20 级，放大至 21 级时将不再显示；路况交通图只支持显示到 21 级，放大至 22 级时将不再显示。

地图渲染的代码如下：

```
1.StartMapImp startMapImp =new StartMapImp();
2.
3.Intent intent = new Intent ( MainActivity.this, ShowMapBaidu.
  class);
4.//设置 map 属性
5.YncorsMap yncorsMap =new YncorsMap();
6.yncorsMap.setLat(24.883593);//纬度
7.yncorsMap.setLng(102.836292);//经度
8.yncorsMap.setZoom(12);//地图缩放级别
9.yncorsMap.setMapType(MapStaticConstant.MAP_TYPE_NORMAL);// 地
  图显示图层
10.yncorsMap.setTrafficEnabled(true);//是否显示路况
11.yncorsMap.setLocationEnabled(true);//是否显示定位
12.yncorsMap.setMapSwitch(true);//是否显示手动切换地图服务
13.yncorsMap.setShowReport(true);//是否显示目录服务
14.List<YncorsMarker> markers =new ArrayList<YncorsMarker>();
15.YncorsMarker marker =new YncorsMarker();
16.marker.setLat(24.883593);
17.marker.setLng(102.836292);
18.marker.setTitle("昆明市");
19.marker.setSnippet("测试");
20.markers.add(marker);
21.yncorsMap.setMarkers(markers);
22.intent.putExtra("yncors",yncorsMap);
23.startMapImp.startMapActivity(MainActivity.this,intent);
```
显示的效果如图 5-51 所示。

3. 定位服务

SDK 获取相应的位置信息，然后利用地图 SDK 中的接口可以在地图上展示实时位置信息(定位有普通、跟随、罗盘三种模式)，核心代码如下:

```
1.YncorsMap yncorsMap =new YncorsMap();
2.yncorsMap.setLocationEnabled(true);
```

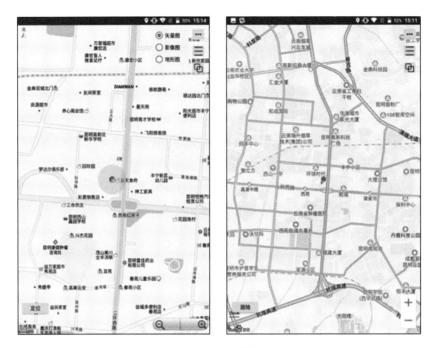

图 5-51　调用地图服务 Demo

效果如图 5-52 所示。

图 5-52　地图定位服务演示

4. 切换地图类型

地图 SDK 提供了 3 种预置的地图类型，包括普通地图、卫星图和空白地图。另外，提供了 2 种常用图层实时路况图以及城市热力图。

下面主要介绍如何切换这 3 种地图类型，如何打开实时路况图及添加城市热力图。

地图类型：SDK 提供了 3 种类型的地图资源（普通矢量地图、卫星图和空白地图），YncorsMap 类提供地图类型常量，详细如表 5-6 所示。

表 5-6　地图类型列表

类型名称	说　明
MAP_ TYPE_ NORMAL	普通地图(包含 3D 地图)
MAP_ TYPE_ SATELLITE	卫星图
MAP_ TYPE_ NONE	空白地图

开发者可以利用 BaiduMap 中的 setMapType ( ) 方法来设置地图类型，下面作简单展示。

普通地图：基础的道路地图，显示道路、建筑物、绿地以及河流等重要的自然特征。设置普通地图的代码如下：

```
1.YncorsMap yncorsMap =new YncorsMap();
2.yncorsMap.setMapType(MapStaticConstant.MAP_TYPE_NORMAL);
```

显示的效果如图 5-53 所示。

卫星地图：显示卫星照片数据。设置卫星地图的代码如下：

```
1.YncorsMap yncorsMap =new YncorsMap();
2.yncorsMap.setMapType(MapStaticConstant.MAP_TYPE_SATELLITE);
```

1）显示空白地图

空白地图：无地图瓦片，地图将渲染为空白地图。不加载任何图块，将不会使用流量下载基础地图瓦片图层；支持叠加任何覆盖物。

适用场景：与瓦片图层（tileOverlay）一起使用，节省流量，提升自定义瓦片图下载速度。

设置空白地图的代码如下：

```
1.YncorsMap yncorsMap =new YncorsMap();
2.yncorsMap.setMapType(MapStaticConstant.MAP_TYPE_NONE);
```

图 5-53　切换地图类型演示

显示效果如图 5-54 所示。

图 5-54　设置空白地图服务演示

2）显示实时路况图

实时路况图：全国范围内已支持绝大部分城市实时路况查询。普通地图和卫星地图，均支持叠加实时路况图。

路况图依据实时路况数据渲染，实现的方法如下：

```
1.YncorsMap yncorsMap =new YncorsMap();
2.yncorsMap.setTrafficEnabled(true);
```

显示效果如图 5-55 所示。

图 5-55　切换城市交通地图服务演示二

3）显示城市热力图

城市热力图：百度城市热力图是用不同颜色的区块叠加在地图上来描述人群分布、密度和变化趋势的一个产品。地图层级介于 11～20 级时，可显示城市热力图。

城市热力图的性质及使用与实时路况图类似，只需要简单的接口调用，即可在地图上展现样式丰富的百度城市热力图。

在地图上开启城市热力图的核心代码如下：

```
1.YncorsMap yncorsMap =new YncorsMap();
2.yncorsMap.setHeatMapEnabled(true);
```

效果如图 5-56 所示。

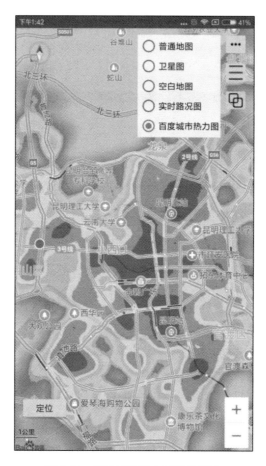

图 5-56　切换城市热力图服务演示

4）手动切换地图服务

SDK 实现了多地图服务之间的切换，用户可在地图上进行地图之间的切换达到不同的应用场景（地图服务有百度地图、高德地图、腾讯地图、"天地图"4 种），核心代码如下：

```
1.YncorsMap yncorsMap =new YncorsMap();
2.yncorsMap.setMapSwitch(true);
```

效果如图 5-57 所示。

图 5-57　手动切换地图服务演示

5. 地理编码与反编码接口

地理编码是指将地址信息建立空间坐标关系的过程，又可分为正向地理编码和反向地理编码。正向地理编码是将结构化地址（省/市/区/街道/门牌号）解析为对应的位置坐标。地址结构越完整，地址内容越准确，解析的坐标精度越高。反向地理编码服务实现了将地址坐标转换为标准地址的过程。反向地理编码提供了坐标定位引擎，帮助用户通过地面某个地物的坐标值来反向查询得到该地物所在的行政区划、所处街道以及最匹配的标准地址信息。通过丰富的标准地址库中的数据，可帮助用户在进行移动端查询、商业分析、规划分析等领域创造无限价值。

代码如下：

```
1.private StartMapImp startMapImp = new StartMapImp();
2.Intent intent =new Intent(context,GeocoderBaidu.class);
```

```
3.intent.putExtra("param",param);
4.startMapImp.startMapActivity(context,intent);
```

效果如图 5-58 所示。

图 5-58　地理编码与反编码服务演示

6. 目录服务接口

目录服务是指 SDK 提供给用户的服务目录,使用户可以按一定的机制来访问 SDK 的资源,能快速地了解 SDK 提供了哪些服务。

代码如下:

```
1.private StartMapImp startMapImp = new StartMapImp();
2.Intent intent =new Intent(context,GeocoderBaidu.class);
3.intent.putExtra("param",param);
```

```
4.startMapImp.startMapActivity(context,intent);
```

```
1.YncorsMap yncorsMap =new YncorsMap();
2.yncorsMap.setShowReport(true);
```
效果如图 5-59 所示。

图 5-59　目录服务演示

7. 数据读取接口

POI(兴趣点)在地理信息系统中，一个 POI 可以是一栋房子、一个商铺、一个邮筒、一个公交站等。

SDK 提供三种类型的 POI 检索：城市内检索、周边检索和区域检索(即矩形范围检索)。下面将以 POI 城市内检索、周边检索和区域检索为例，介绍如何使用检索服务。

代码如下：

```
1.private StartMapImp startMapImp = new StartMapImp();
2.Intent intent =new Intent(context,PoiSearchBaidu.class);
3.intent.putExtra("param",param);
4.startMapImp.startMapActivity(context,intent);
```

效果如图 5-60 所示。

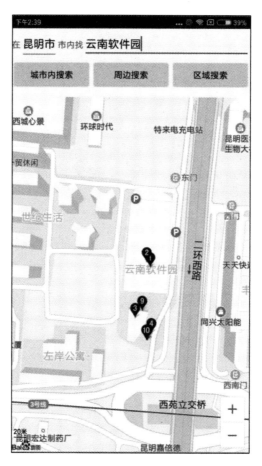

图 5-60　兴趣点读取服务演示

8. 导航接口

SDK 支持通过调用高精度地图服务及 YNCORS 服务提供亚米级高精度导航定位服务。导航功能内置提供了语音导航。支持多样化的路径分析功能，如推荐时间最快、距离最短和最少收费，以满足不同的需求。

代码如下：

```
1.private StartMapImp startMapImp = new StartMapImp();
2.Intent intent =new Intent(context,GeocoderBaidu.class);
3.intent.putExtra("param",param);
4.startMapImp.startMapActivity(context,intent);
```

效果如图 5-61 所示。

图 5-61　导航服务演示

9. 距离计算接口

根据用户指定的两个坐标点，计算这两个点的实际地理距离。代码如下：

```
1.private StartMapImp startMapImp = new StartMapImp();
2.Intent intent = new Intent(context,CalculateDistance Baidu.class);
3.intent.putExtra("param",param);
4.startMapImp.startMapActivity(context,intent);
```

效果如图 5-62 所示。

图 5-62   距离计算服务演示

5.3.4   管理维护服务接口组

1. 日志管理接口

SDK 用户在进行二次开发时,可以通过日志的形式记录开发错误日志和有关定位信息使用日志等,并可以进行错误反馈,使这些信息在有条件时传输到指定的服务器中,便于 SDK 后期的维护管理。

代码如下:

```
1.//消息机制,请求回调
2.private Handler handler = new Handler() {
3.    @ Override
4.    public void handleMessage(Message msg) {
```

```
5.      super.handleMessage(msg);
6.      Bundledata = msg.getData();
7.      Stringval = data.getString("msg");
8.      //UI 界面的更新等相关操作
9.      AlertDialogUtil.AlertDialog(MainActivity.this," 提 示 ",
        val);
10.   }
11.};
12.SdkErrorLog errorLog = new SdkErrorLog();
13.errorLog.setErrorType("测试");
14.errorLog.setErrorContent("测试");
15.errorLog.setErrorFunction("测试");
16.ErrorLogUtil.writeErrorLog(errorLog,handler);
```

日志管理接口说明见表 5-7。

表 5-7 日志管理接口定义

接口	方法	描述
ErrorLogUtil	writeErrorLog （ SdkErrorLog log, Handler handler）	写日志，SdkErrorLog 为日志类，Handler 为消息机制，用于回调输出结果

日志类说明见表 5-8。

表 5-8 日志类定义

类	属性	描述
ErrorLogUtil	ErrorType	错误日志类型
	ErrorContent	错误日志内容
	ErrorFunction	报错的方法

2. 请求查询接口

SDK 可以通过数据请求和返回的时长确定服务质量，使开发者不再被动地通过后端服务商提供复杂服务管理工具来管理服务的分发问题，而是直接在前端通过自己设计的逻辑进行服务管理。这有利于完全屏蔽应用前端、行业后端和服务器供应后端这三者之间的技术细节，有利于实现彻底的分层式应用设计，同时还有利于开发者利用前端剩余机能来对应用本身进行管控，极大地降低了日益沉重的后端压力。

请求查询接口定义见表 5-9。

表 5-9　请求查询接口定义

接口	方法	描述
RequestQuery	sendRequestQuery	返回服务质量最好的地图服务

3. 地理编码维护接口

SDK 设计的这个开放接口除了能读取各种形式的地理编码服务，还能处理规模较小的、通过文件形式虚拟的地理编码服务，实际上用户只需要把需要重编码的地点写在一个 XML 文件中，就能实现虚拟地理编码服务。

具体使用步骤如下。

第一步：在 App 项目的 res 资源文件下创建 xml 文件夹，把定义好的 xml 文件拷贝到这个文件夹下，项目目录结构如图 5-63 所示。

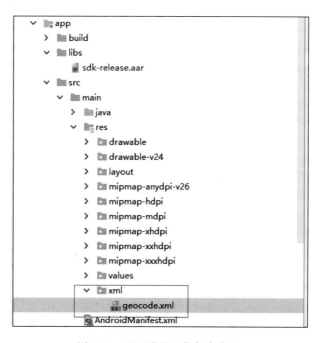

图 5-63　地理编码文件保存位置

编码文件格式如下：

```
1.<? xml version = "1.0" encoding = "utf-8"? >
2.<geocodes>
3.    <geocode locationLng = "24.883593" locationLat = "102.836292">
   云南省昆明市 xxxx</geocode>
4.    <geocode locationLng = "24.883593" locationLat = "102.836292">
   云南省昆明市 xxxx</geocode>
5.    <geocode locationLng = "24" locationLat = "102.836292">昆明市
   xxxx</geocode>
6.    <geocode locationLng = "24.883593" locationLat = "102">云南省
   xxxxxx</geocode>
7.</geocodes>
```

第二步：调用 XmlResourceParser 类获取定义的 xml 文件内容，读取 xml 内容后通过 XmlResUtil 接口赋值给 GeocodBean 对象，具体代码如下：

```
1.@ Override
2.protected void onCreate(Bundle savedInstanceState) {
3.    super.onCreate(savedInstanceState);
4.    setContentView(R.layout.geocoding_maintenance);
5.    //地址查询
6.    addressEdt = findViewById(R.id.addressEdt);
7.    addressBtn = findViewById(R.id.addressBtn);
8.    addressShow = findViewById(R.id.addressShow);
9.    //经纬度查询
10.    lonQuery = findViewById(R.id.lonQuery);
11.    latQuery = findViewById(R.id.latQuery);
12.    queryBtn = findViewById(R.id.queryBtn);
13.    queryShow = findViewById(R.id.queryShow);
14.
15.    XmlResourceParser xrp = getResources().getXml(R.xml.
   geocode);
16.    geocodes = XmlResUtil.parsingGeocodeXml(xrp);
17.
```

```
18.     //地理查询
19.        addressBtn.setOnClickListener ( new View.OnClickListener
    ( ) {
20.          @ Override
21.          public void onClick(View v) {
22.              addressShow.setText(null);
23.              addressBuffer =new StringBuffer();
24.
25.              if (addressEdt.getText().toString().trim().length
    ()= =0){
26.                              AlertDialogUtil.AlertDialog
    (GeocodingMaintenance.this,"地理编码维护","请输入地址查询!");
27.              }else{
28.                  for (GeocodeBean geocode : geocodes){
29.                      String geocodeStr = " 地址:" + geocode.
    getLocationName()+",经度:"+geocode.getLocationLng()+",纬度:"
    +geocode.getLocationLat();
30.                      if ( geocode.getLocationName ().indexOf
    (addressEdt.getText().toString()))! =-1){
31.                          addressBuffer.append ( " 地 址:" +
    geocode.getLocationName()+" \t 经度:"+geocode.getLocationLng
    ()+" \t \t 纬度:"+geocode.getLocationLat()+" \n");
32.                      }
33.                  }
34.                  if (addressBuffer.length()>0){
35.                      addressShow.setText(addressBuffer.toString
    ());
36.                  }else{
37.                      addressShow.setText ( " 没有查询到相关地理
    位置!");
38.                  }
39.              }
```

```
40.          }
41.      });
42.
43. // 经纬度查询
44.      queryBtn.setOnClickListener(new View.OnClickListener() {
45.          @Override
46.          public void onClick(View v) {
47.              if (lonQuery.getText().toString().trim().length()
    ==0||latQuery.getText().toString().trim().length()==0){
48.                          AlertDialogUtil.AlertDialog
    (GeocodingMaintenance.this,"地理编码维护","请输入经纬度查询!");
49.              }else{
50.                  for (GeocodeBean geocode : geocodes){
51.                      if (lonQuery.getText().toString().equals
    (geocode.getLocationLng()) &&latQuery.getText().toString
    ().equals(geocode.getLocationLat())){
52.                          queryShow.setText("地址:"+geocode.
    getLocationName()+"\t经度:"+geocode.getLocationLng()+"\t\t
    纬度:"+geocode.getLocationLat()+"\n");
53.                          break;
54.                      }
55.                      if (queryShow.getText().toString().trim().
    length()==0){
56.                          queryShow.setText("没有查询到相关地理
    位置!");
57.                      }
58.                  }
59.              }
60.          }
61.      });
62.}
```

4. 隐私保护接口

北斗 YNCORS+地理信息服务 SDK 的安全体系分为两个方面：一方面，SDK 对数据进行加密；另一方面，SDK 使用必须通过密钥进行验证，SDK 信息验证过程如图 5-64 所示。

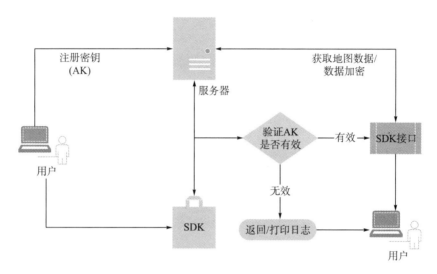

图 5-64　SDK 信息验证过程图

数据信息加密：SDK 可调用本地端加密的地图服务，通过使用桌面 GIS 软件对数据加密，可以确保在 SDK 端对数据的隐私进行保护，同时可以进行应用用户个人隐私权保护。通过构建隐私保护的接口赋予开发者在应用前端拥有对地图服务和位置服务的管理、隐蔽、伪装和控制能力。

密钥验证：SDK 采用安全密钥体系。用户在使用 SDK 之前需要获取开发密钥（Key），该 Key 与开发者账户相关联，必须先创建开发者账户，才能获得 Key（相关步骤查看入门指南）。在用户调用 SDK 接口前，首先会调用密钥验证接口来验证密钥是否有效：如果有效，SDK 才会调用相应的其他接口，用户信息不会直接暴露给地图服务商。

5. 错误反馈接口

SDK 提供意见反馈接口，用户可以调用这个接口向服务器发送自己在 SDK 使用中产生的错误和需要改进的意见，后台管理员可根据这些意见对 SDK 做进一步的修改。

具体创建步骤如下。

第一步，先构建意见反馈接口对象，调用 showReports 接口打开意见反馈窗口，代码如下：

```
1.ReportsImp reportsImp =new ReportsImp();
2.reportsImp.showReports(MainActivity.this);
```

第二步，具体实现中，先创建意见对象，通过 FeedbackUtil 接口向服务器发送意见信息，并使用 Andoid 的消息机制，来做回调后的操作。

```
1.private Handler handler = new Handler() {
2.@ Override
3.    public void handleMessage(Message msg) {
4.    super.handleMessage(msg);
5.        Bundledata = msg.getData();
6.        Stringval = data.getString("msg");
7.        //UI 界面的更新等相关操作
8.          AlertDialogUtil.AlertDialog(ReportsActivity.this,"提
   示",val);
9.    }
10.};
11.
12.if(!"".equals(reportsType) && !"".equals(content)
13.&& !"".equals(contact)){
14.SdkFeedback feedback = new SdkFeedback();
15.    feedback.setFeedType(reportsType);
16.    feedback.setFeedContent(content);
17.    feedback.setContact(contact);
18.    FeedbackUtil.sendFeedback(feedback,handler);
19.
20.}else{
21.    AlertDialogUtil.AlertDialog(ReportsActivity.this,"提示","
   请检查意见类型,意见内容及联系方式是否正确!");
22.}
```

效果如图 5-65 所示。

图 5-65　错误反馈服务演示

第6章　基于 iOS 的 SDK 设计与开发

6.1　iOS 与 SDK

北斗 YNCORS+地理信息服务平台中间件 iOS 版 SDK 是一套基于 iOS 8.0 及以上版本的应用程序接口。用户可以使用该套 SDK 开发适用于 iOS 移动设备的地图应用。通过调用地图 SDK 接口，用户可以轻松访问"天地图"、百度地图、高德地图、腾讯地图的服务和数据，构建功能丰富、交互性强的地图类应用程序。

该套地图 SDK 免费对外开放，接口使用无次数限制。在使用前，用户需先申请北斗 YNCORS+地理信息服务平台中间件 iOS 版 SDK、百度地图、高德地图的密钥（API Key）才可使用。在用户使用该 SDK 之前，请先阅读该地图 API 使用指南。

北斗 YNCORS+地理信息服务平台中间件 iOS 版 SDK 是提供给具有一定编程经验和了解面向对象概念的读者使用。使用 iOS 版 SDK 的用户还需要对 Objective-C 或 Swift 开发语言有一定的编程基础。同时读者还应该对地图的基本知识有一定的了解。

北斗 YNCORS+地理信息服务平台中间件 iOS 版 SDK 欢迎读者和用户对开发遇到的问题进行反馈。平台 SDK 提供意见反馈接口方法，用户可以填写问题类型、问题描述和联系方式，提交反馈到北斗 YNCORS 信息服务平台服务器。开发人员会在第一时间进行问题反馈和答复。

6.2　iOS 开发环境搭建

6.2.1　下载和安装 Xcode

1. 通过 App Store 安装

在装有 macOS 操作系统的电脑中选择应用程序，选择进入 App Store 应用程序，如图 6-1 所示。

安装要求：需要 macOS 操作系统空间 6.07GB，macOS 10.13.6 及以上版本操作系统（以 Xcode 10.1 10B61 版本为例）。

图 6-1　App Store 软件界面

进入搜索页面后，在搜索框中输入 Xcode，在搜索结果中选择如图 6-2 所示的框选的项目，进入 Xcode 安装界面。

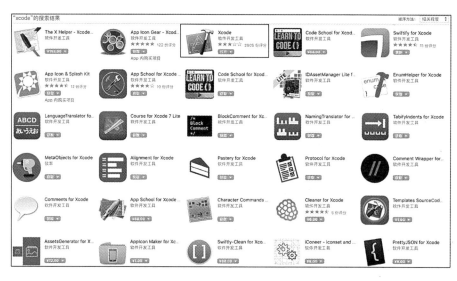

图 6-2　搜索 Xcode 结果列表

选择图标下面的安装按钮，并根据提示输入申请的 Apple ID 以及密码后，系统将自动安装 Xcode 开发工具到本地，如图 6-3 所示。

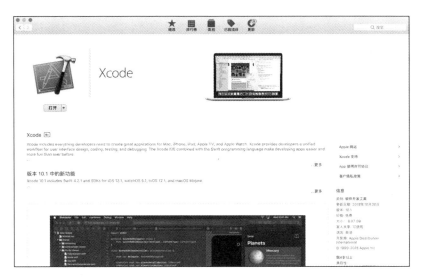

图 6-3　Xcode 安装界面

2. 通过下载安装

除了使用上述方式安装 Xcode 开发工具之外，用户也可以通过下载 Xcode 安装包进行下载安装。下载地址：https：// developer. apple. com/xcode/，如图 6-4 所示。

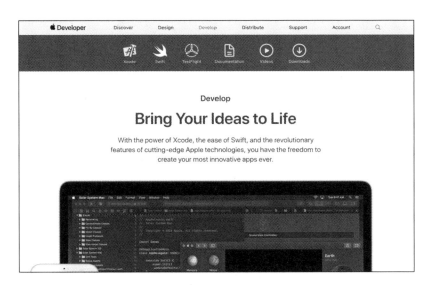

图 6-4　Apple Developer 下载网页

用户打开浏览器，输入上述下载地址网址之后进入网站界面，选择 Xcode 栏目，点选蓝色"Download"按钮，进入如图 6-5 所示的下载页面。

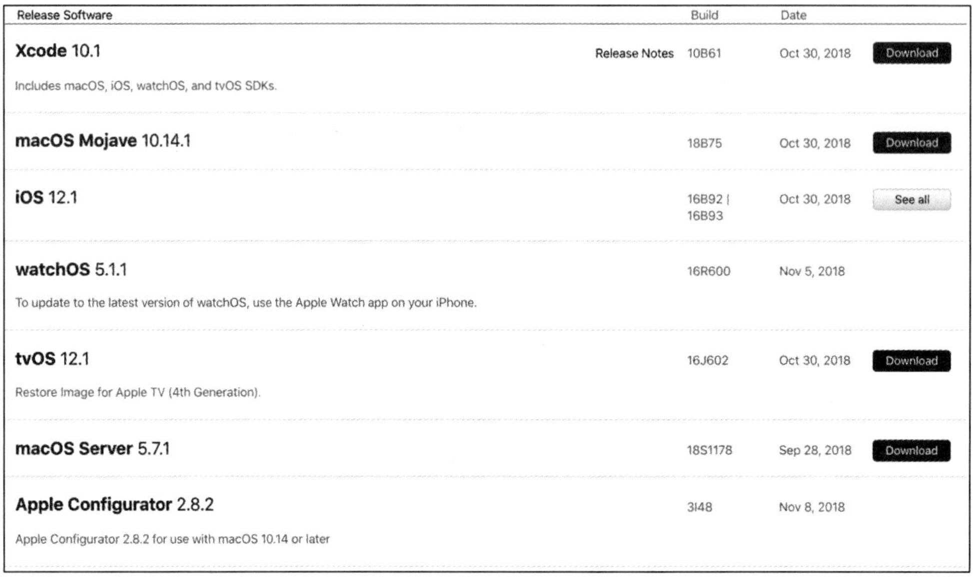

Release Software		Build	Date	
Xcode 10.1	Release Notes	10B61	Oct 30, 2018	Download
Includes macOS, iOS, watchOS, and tvOS SDKs.				
macOS Mojave 10.14.1		18B75	Oct 30, 2018	Download
iOS 12.1		16B92 | 16B93	Oct 30, 2018	See all
watchOS 5.1.1		16R600	Nov 5, 2018	
To update to the latest version of watchOS, use the Apple Watch app on your iPhone.				
tvOS 12.1		16J602	Oct 30, 2018	Download
Restore Image for Apple TV (4th Generation).				
macOS Server 5.7.1		18S1178	Sep 28, 2018	Download
Apple Configurator 2.8.2		3I48	Nov 8, 2018	
Apple Configurator 2.8.2 for use with macOS 10.14 or later				

图 6-5　Xcode 下载列表

用户可以选择最新版本的 Xcode 并开始下载，下载的安装文件将会保存在浏览器默认的下载文件夹中，双击下载的安装文件系统会自动安装 Xcode 开发工具到本地。

上述两种下载方式均适用于开发运行在 iOS 或 macOS 操作系统的应用程序。但不建议用户通过其他网络或应用平台下载 Xcode 开发工具，通过第三方平台下载的 Xcode 可能会因第三方平台绑定的其他程序而导致开发的软件无法通过 App Store 平台审核。

6.2.2　获取 SDK 开发者 Key

北斗 YNCORS+地理信息服务平台中间件 iOS 版开发者 Key 的方法基本相同，请读者参照 5.3.1 小节进行申请。

6.2.3　创建项目

本章将介绍创建 iOS App 项目并集成 YNCORS SDK 到本地开发环境。

启动 Xcode，首先进入如图 6-6 所示的启动界面。

选择左下角的"Create a new Xcode Project"，进行如图 6-7 所示的创建新项目向导。

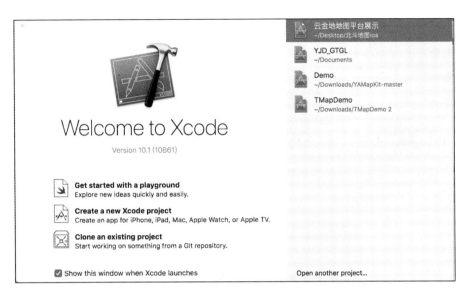

图 6-6　Xcode 启动界面

图 6-7　创建应用程序向导

　　在创建应用程序向导首页选择"Single View app"，开始创建 Application，首先需要设置项目信息，如图 6-8 所示。

　　依次填入"Product Name""Organization Name"等 Application 基础信息。即进入了配置项目信息的界面，如图 6-9 所示。

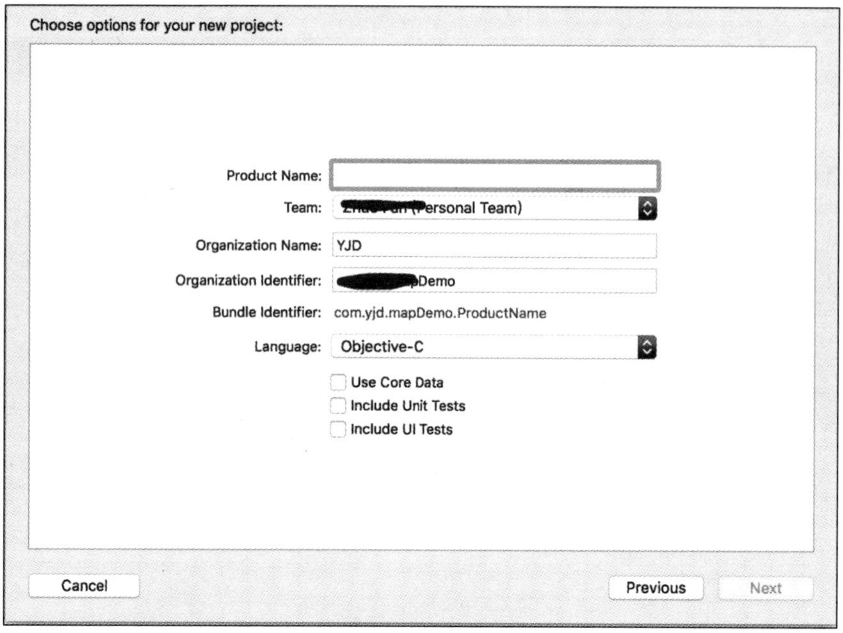

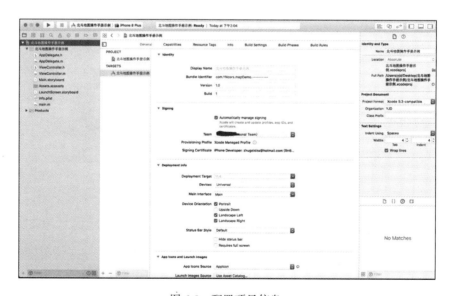

图 6-8　填写项目信息

图 6-9　配置项目信息

　　进入 General 界面，配置项目"Bundle Identifier""Signing""Deployment Target"（图 6-9）。（模拟器调试不需要配置 Signing 信息，但是在真机调试和发布 App 到 Apple Store 的时候，需要注册 Apple developer Id，并把应用的 Signing 信息填写到对应项目中），配置结束之后就进入了 Xcode 的代码编辑界面，项目创建完成。

按照工作目的的不同，Xcode 的主界面有三种状态，分别是编辑代码状态、编辑故事板和修改项目配置，不同状态的主要界面和功能区划分如下：

（1）编辑代码时，主要界面如图 6-10 所示。

图 6-10　Xcode 主程序界面

（2）StoryBoar 编辑状态，界面如图 6-11 所示。

图 6-11　Storyboard 界面

(3)修改应用配置状态界面如图 6-12 所示。

图 6-12　系统配置界面

图 6-13 是 Xcode 的文件导航菜单栏，可以浏览项目文件夹和项目文件，用于创建和管理项目源代码和其他文件。

图 6-13　文件导航页面

图 6-14 是信息配置栏，负责配置项目运行的基本信息和导入库函数。

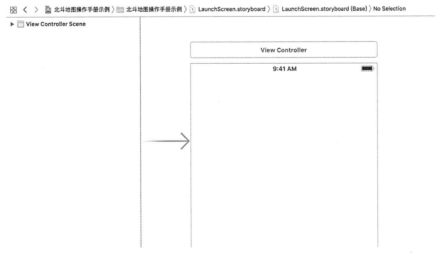

图 6-14　项目信息界面

图 6-15 是 Xcode 的代码编辑窗口，用于编辑源代码。

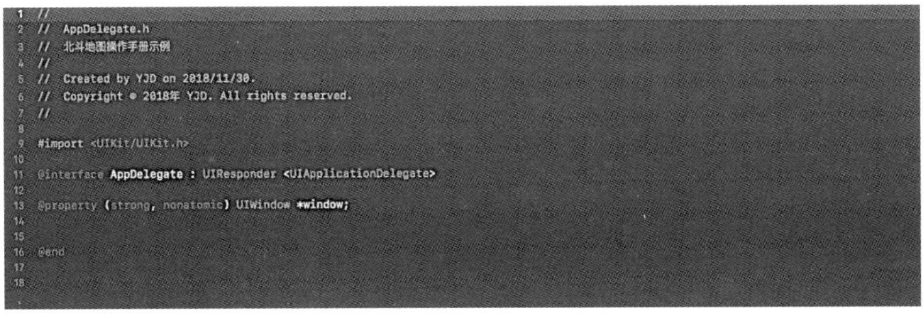

图 6-15　代码编辑窗口

图 6-16 是 storyboard 界面，可以通过拖曳控件快速搭建程序界面。

图 6-16　Storyboard 界面

6.2.4　下载并安装地图开发包

从官网的产品下载中心下载 Xcode 开发包并解压。

解压后，会得到一个 libYnCorsMap.a 文件和 YNCorsMap.h 等资源文件，将 .a 文件和 .h 等文件添加到工程中，如图 6-17 所示。

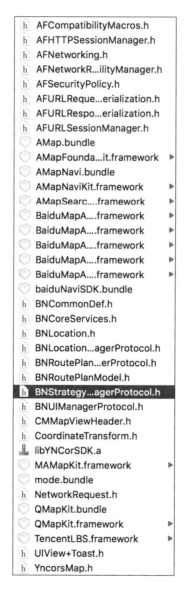

图 6-17　引入 SDK 文件

在 Xcode 项目中点击窗口左下角"+"按钮，在图 6-18 所示的菜单中，选择"Add Files

to"（新建的项目）。

图 6-18　添加文件到项目

在弹出框中选择需要添加的 .a 和 .h 文件，并在下方选择"Copy Item if needed"，如图 6-19 所示。

点击图 6-19 中的右下方"Add"按钮。

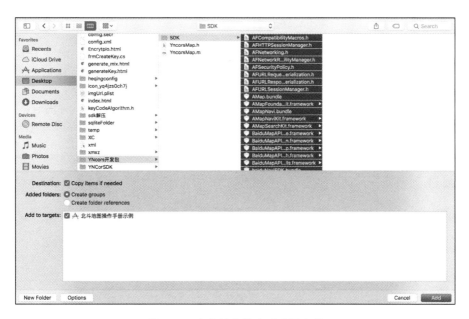

图 6-19　在本地文件夹下选择文件

文件添加完成之后，项目文件夹如图 6-20 所示。

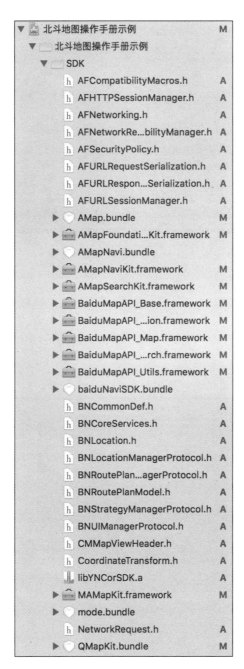

图 6-20　添加好的文件列表

如图 6-20 所示，在左侧项目菜单栏可以看到 SDK 资源文件添加成功。

6.2.5　其他组件

使用 Xcode 进行开发工作还需要熟悉其提供的各类工具组件的使用方法，本节将介绍

Xcode instruments 性能调试工具集的使用，其他章节中也会进行其他工具组件的介绍。Instruments 是 Xcode 官方提供的用来调试和优化程序的工具集。用户通过使用 Xcode Instruments 可以优化程序，或者进行性能调优。

首先需要打开 Instruments 组件，打开的方法如图 6-21 所示。

图 6-21　开启 Instruments 调试功能

打开之后，将出现如图 6-22 所示的窗口。

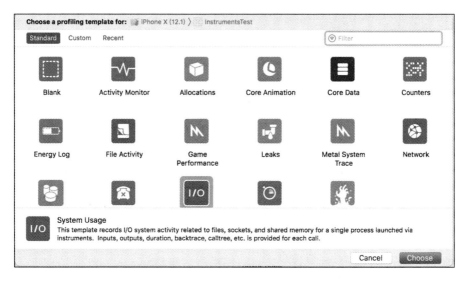

图 6-22　Instruments 工具窗口

从 Instruments 的窗口中可以看到有很多工具，点击不同的工具将会弹出对应的窗口，点击"Leaks"并选择右下角的"Choose"按钮，弹出窗口如图 6-23 所示。

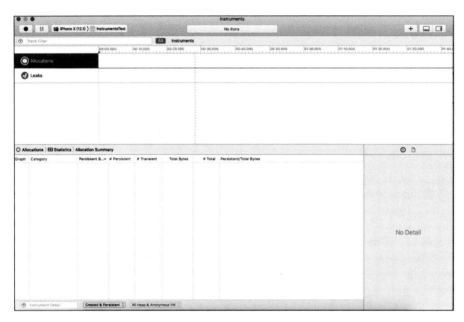

图 6-23　Leaks 窗口管理内存使用情况

工具描述如下：

- Blank：创建空的模板，并可以通过 Library 库添加其他模板。
- Activity Monitor：活动监视器，负责监控。
- Allocations：跟踪进程的匿名虚拟内存和堆，提供类名并可选择保留/释放对象的历史记录。
- Core Animation：（图形性能）这个模块显示程序显卡性能以及 CPU 使用情况。
- Core Data：跟踪 Core Data 文件系统活动。
- Counters：收集使用时间或基于事件的抽样方法的性能监控计数器（PMC）事件。
- Energy log：监控耗电量。
- File Activity：监控文件的创建、移动、更名、删除等。
- Game Performance：游戏性能评估。
- Leaks：测量一般的内存使用情况，检查泄露的内存，并提供了所有活动的分配和泄露模块的类对象的分配统计信息以及内存地址历史记录。
- Metal System Trace：通过提供来自应用程序、驱动程序和 GPU 层的跟踪信息来描述 iOS、tvOS 和 macOS Metal 应用程序的性能。

- Network：用链接工具分析程序使用 TCP/IP 和 UDP/IP 链接的方式。
- Scene Kit：描述应用程序对 Scene Kit 的使用。确定进入每个帧的工作类型，例如动画、物理、场景剔除和渲染。
- System Trace：系统跟踪，通过显示当前被调度线程提供综合的系统表现，显示从用户到系统的转换代码是通过两个系统之间的调用或内存操作。
- System Usage：这个模板记录关于文件读写、sockets、I/O 系统活动、输入输出等使用情况。
- Time Profiler：对系统 CPU 上运行的基于时间的进程执行低开销采样。
- Zombies：测量一般的内存使用，专注于检测过度释放的指针对象，也提供对象分配统计，以及主动分配的内存地址历史等功能。

6.2.6 iOS 开发小结

根据上述说明和步骤，用户便可轻松将 YNCORS+地理信息服务 iOS 版 SDK 集成到项目中。SDK 包提供丰富的封装方法和第三方服务方法，用户可以自主选择接口进行高度定制的地图开发。

下面将着重介绍 SDK 的接口内容以及使用方法，并结合示例程序为用户展示如何使用 YNCORS+地理信息服务 iOS 版 SDK 开发针对不同业务场景的移动地图应用。

集成 YNCORS iOS 版 SDK 也需要注意在开发环境中需要配置的库要全部导入项目中，需要修改的开发变量也务必全部进行修改。第三方库和依赖库的遗漏以及变量修改的遗漏将会导致 YNCORS SDK 方法调用失败或不能获得正确的处理结果。

6.3 iOS 版 SDK 功能介绍

6.3.1 iOS 版 SDK 功能概述

本节将介绍北斗 YNCORS+地理信息服务 iOS 版 SDK 提供的功能。iOS 版 SDK 主要包含位置信息服务协议池和地理信息服务池两大功能以及地理信息服务的主要方法。地图应用的核心功能：一是位置服务，二是地理信息服务。北斗 YNCORS+地理信息服务 SDK 将这两个核心功能以协议池的方式进行封装。协议池的构建能有效地解决繁多的定位协议和地图协议在移动应用开发过程中对应用开发本身的额外开销。主流的地图服务商如百度地图、高德地图、腾讯地图等提供的网络在线地图服务只能通过对应的 API 来读取和解析。若应用程序根据使用需求和设计需要集成并使用不同厂商提供的地图，应用将因此变得非常臃肿，同时开发者也必须导入过多的且并没有在程序中使用的第三方库和资源文件，这大大增加了应用对终端的性能开销和代码冗余。

为了帮助开发者将更多的精力投入软件的开发以及功能的构建上，北斗 YNCORS+地理信息服务 iOS 版 SDK 构建的协议池服务将地图服务集成到 SDK 之中，并将需要的环境配置进行简化。因此，北斗 YNCORS+地理信息服务 iOS 版 SDK 的用户能够更加专注于产品的设计和功能的实现，而不必再去费尽心思地处理位置数据、地图数据的读取和解析以及用户移动设备识别等问题。在使用过程中，用户只需向 SDK 的接口函数中传入需要解析的地图参数或数据参数，就能自动匹配对应的协议解析器，进行服务解析，这一过程大大降低了软件的性能消耗和开发成本。

6.3.2　位置服务协议池

位置服务协议池通过采用不同的位置服务协议来解析各种位置数据，降低行业应用开发过程中的设计和编码成本。

由于 iOS 平台硬件的特性及限制，YNCORS iOS 版 SDK 在位置服务协议池上，只能通过获取 iOS 硬件设备获取的位置信息数据进行处理和操作。而位置服务协议池在 YNCORS Android 版 SDK 上可以获取丰富的位置信息特征。详情请参考 Android 篇位置服务协议池的相关介绍。

YNCORS iOS 版 SDK 为用户提供了获取当前位置信息的接口，返回的数据可以根据填入的地图类型不同而获得不同的地理位置信息坐标等相关数据。

6.3.3　地理信息服务池

北斗 YNCORS+地理信息服务 iOS 版 SDK 提供一个统一的地图服务协议，该协议通过匹配传入的地图服务特征，配置相对应的地图服务协议解析方法，自动解析各种地图服务。iOS 版 SDK 支持的地图服务如表 6-1 所示。

表 6-1　地图服务表

Map	地图服务名称（ 百度地图：Baidu； 腾讯地图：Tencent； 高德地图：Amap； 天地图：Tian）
function	地图服务的功能（changeMapType，showMapviewWithType）

6.3.4　核心服务功能

北斗 YNCORS+地理信息服务 iOS 版 SDK 的核心服务功能接口提供的方法可以帮助开发者完成地理信息移动软件的基础功能搭建。核心服务功能对应的是主要的地理信息服务功能。

核心服务功能包含以下几大功能：在线地图显示及定位，地理编码与反编码，POI 数据读取，导航服务，目录服务，距离量算。其中，管理维护接口是非地图操作的辅助功能接口，通过管理维护接口可以管理维护编码数据、错误反馈及网络状态判定。

1. 在线地图访问

在线地图访问功能包括在线地图显示及地图定位，是 YNCORS iOS 版 SDK 的核心功能。北斗 YNCORS+地理信息服务 SDK 为用户提供的方法都是基于展示地图的图层之上。

用户在注册成功地图服务后，即可创建地图对象。由于地图对象是 UIView 的子类，所以在线地图显示功能的操作继承了 UIView 的特性。iOS 版 SDK 提供了对高德地图（图6-24）、百度地图（图 6-25）和腾讯地图（图 6-26）三种地图服务的支持。

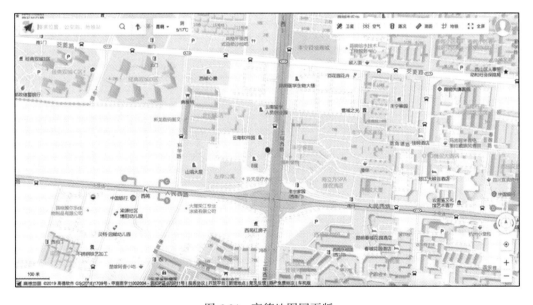

图 6-24　高德地图网页版

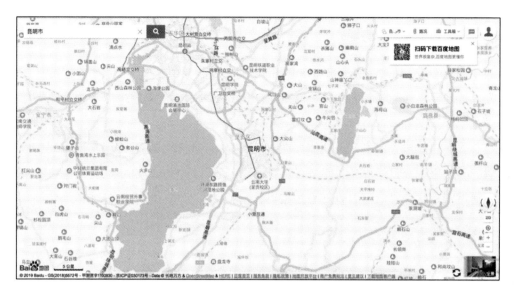

图 6-25　百度地图网页版

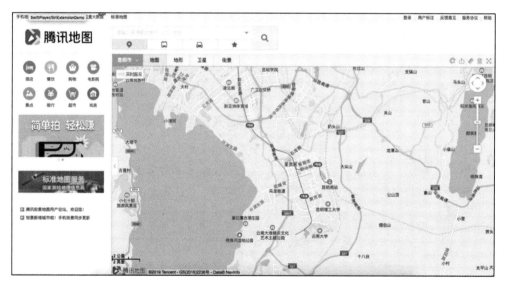

图 6-26　腾讯地图网页版

2. 定位服务

SDK 获取相应的位置信息，然后利用地图 SDK 中的接口，可以在地图上展示实时位置信息(定位有普通、跟随、罗盘三种模式)，核心代码如下：

```
YncorsMap yncorsMap = new YncorsMap();
yncorsMap.setLocationEnabled(true);
```

3. 地理编码与反编码查询

地理编码描述的是通过客观存在的地理数据将地理位置坐标化。当地理位置信息编码化之后，可以通过地理编码关键词或地理坐标信息快速定位地理位置信息或地理位置坐标点。应用地理编码与反编码查询功能，可方便地搜索和定位地理位置。

地理编码与反编码功能通过传入地理编码和反编码返回地理坐标信息和地理位置信息系，并在当前加载的地图上添加标注点显示。

地理编码也可以称作地址匹配，是从已知的地址描述到对应的经纬度坐标的转换过程。地理编码适用于根据用户输入的地址来确认用户具体位置的场景。例如，适用于配送人员根据用户输入的具体地址找地点等场景。查询接口通过传入地理位置的描述信息来获取地理位置的坐标数据。

地理反编码也可以称作地址解析服务，是指从已知的经纬度坐标到对应的地址描述（如行政区划、街区、楼层、房间等）的转换。地理反编码功能用于根据定位的坐标来获取该地点的位置详细信息，通常与定位功能同时使用，获得周边位置信息内容。地理反编码查询接口通过传入地理位置的坐标信息来获取地理位置的位置信息或描述信息。

百度地图提供的地理编码功能如图 6-27 所示，百度地图实现了地理编码中的地址匹配，可以通过地理信息查询地理位置，并展示位置信息，而地理反编码效果如图 6-28 所示，用户使用关键词搜索进行地址匹配，将匹配到的地理位置点标注在地图上，同时也在列表中显示地理位置的详细信息。

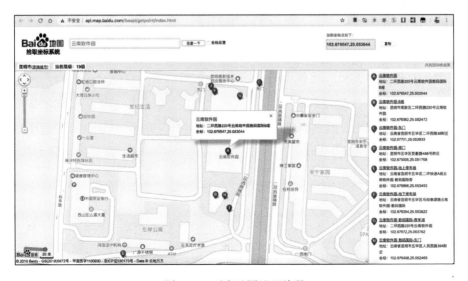

图 6-27　百度地图地理编码

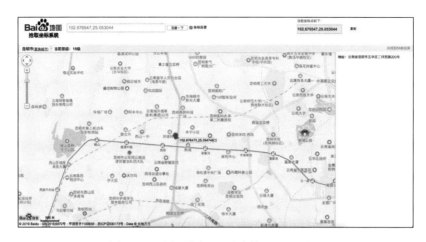

图 6-28　百度地图地理反编码(地理反查)

图 6-29　高德地图地理编码

　　高德地图也提供了类似的地理编码,如图 6-29 所示,而高德地图的地理反编码被官方文档称为"地理反查",其效果如图 6-30 所示,用户可以在搜索框中输入经纬度坐标值进行搜索,服务器获取输入的坐标值进行地理位置匹配,将处在该定位点位置上的单位地址信息展示给用户。

4. POI 数据读取

　　POI(兴趣点)数据读取功能描述如下。在地图表达的概念中,POI 代表一栋大厦、一家商铺或者机构、景点等。用户通过设置查找的关键字,关键信息,可以对地图上的指定范围进行指定地点的搜索。常用的使用场景是搜索餐馆、商圈等。

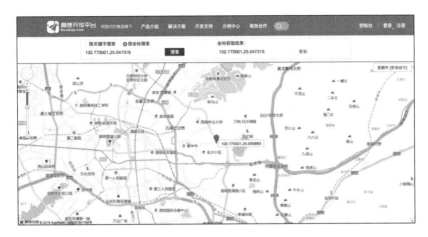

图 6-30 高德地图地理反编码

POI 数据读取支持百度地图和高德地图两种地图服务商提供的 POI 数据搜索。主流的地图类移动应用提供的 POI 数据搜索界面如图 6-31~图 6-33 所示。

图 6-31 移动地图软件 POI 界面一

图 6-31 是高德地图的 POI 搜索附近地理位置的功能界面，从图中可以看到，提供衣食住行以及生活便利的地理信息点搜索功能，是 POI 功能的需求点。而图 6-32 和图 6-33 是百度地图和腾讯地图提供的 POI 功能的界面。

图 6-32　移动地图软件 POI 界面二

图 6-33　移动地图软件 POI 界面三

图例(图 6-31~图 6-33)是主流地图平台支持各种 POI 搜索服务，而 POI 搜索服务作为社交应用的重要接口，丰富了地图应用的多样性，同时也帮助用户更加便利地选择所需内容。

5. 导航服务

随着社会经济的发展，人们的日常出行频率逐渐增加，选择自驾出行或乘坐公共交通工具出行的人次也在与日俱增。提供导航服务的地图服务应用可以给用户指出最佳的路径规划。

导航服务首先需要用户传入起始点和目的地点的地址信息，同时需要用户输入路径策略的设置。其中，路径策略包括驾车、步行和公交三种策略方式。

以百度地图的路径规划(见图 6-34)为例，导航服务接口将用户传入的信息传给地图服务商服务器并返回路线规划数据。如果规划数据存在并符合用户预期，用户可以唤起导航服务弹窗开始导航。同时路径规划服务也会将路径绘制在当前展示的地图之上。

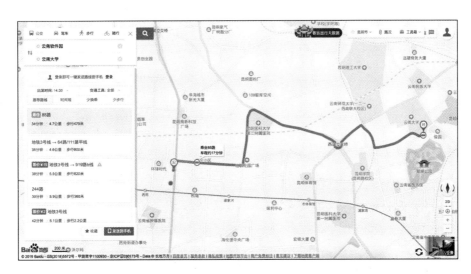

图 6-34　百度地图网页版路径规划

由于不同地图服务提供商的服务类型不同，北斗 YNCORS+地理信息服务 iOS 版 SDK只支持高德地图、百度地图和腾讯地图的路径规划，只支持高德地图和百度地图的路线导航功能(如图 6-35 和图 6-36 所示)。

6. 目录服务

在软件工程层面上，目录服务是一个存储、组织和提供信息访问服务的软件接口。从概念上来讲，一个目录是指一组名字和值的映射。与词典相似，目录服务接口允许通过给出的名字来查找对应的值或者接口信息。

地理信息系统的目录服务对于用户的作用就像书籍的目录索引一样，将地理信息系统的功能存储为具有描述信息的对象，用户可以使用该功能的名称查找对象，并使用查找服务。

图 6-35　高德地图导航界面一

图 6-36　导航服务截图

SDK 中的目录服务是调用统一 SDK 各项功能的门面（Facade），提供了展示北斗 YNCORS+地理信息服务平台 iOS 版 SDK 各项服务及各种描述性信息的列表。目录服务接口提供 SDK 所有功能的介绍信息及各地图服务的使用限制说明。YNCORS iOS 版 SDK 有很多接口方法和变量信息，为使用户快捷地定位不同地图服务提供的方法和变量，目录服务接口提供了可以展示的目录服务信息。

7. 距离量算

距离量算功能可以计算在电子地图上通过鼠标任意点选或手工录入的一组坐标点形成的折线的长度，其计算结果以米为单位返回给用户。距离量算功能可以在不请求路线规划的情况下使用，一经调用，电子地图将进入持续的量算状态，需要调用专门的接口结束量算状态。

距离量算功能如图 6-37 和图 6-38 所示。

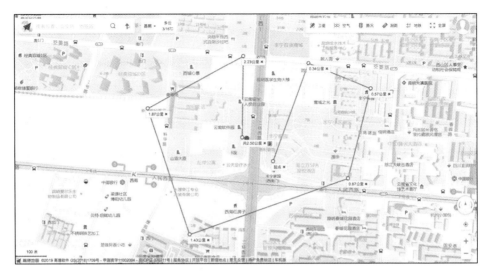

图 6-37 距离量算功能示意图一

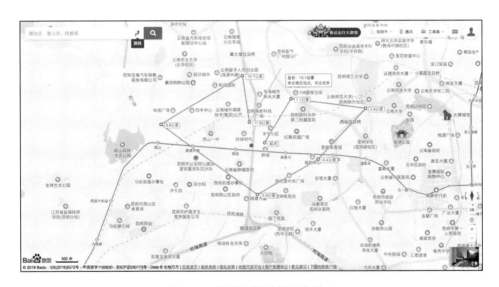

图 6-38 距离量算功能示意图二

8. 管理维护接口

在地理信息服务中，除了核心的地图功能之外，还存在管理维护等功能需求。管理维护接口功能包括日志管理、请求查询、地理编码维护、隐私保护和错误反馈五大功能。管理维护接口的核心就是对地图服务的管理和补充，以及对地图服务功能的及时反馈。

在软件工程层面，日志功能记录了系统运行期间发生的事件。日志功能，可以帮助开发者了解系统活动和诊断问题。日志管理功能对于了解复杂系统的活动规划非常重要，也可以通过日志管理进行分析和审计。设计好的日志管理功能也可以对使用的数据进行分析和优化。北斗 YNCORS+地理信息服务 iOS 版 SDK 的日志管理接口功能记录用户使用SDK 各个接口的功能信息，记录用户使用 SDK 接口返回正确结果或错误结果的日志信息。用户通过日志管理接口功能可以记录程序使用情况，并将数据进行本地持久化存储，方便程序的错误溯源以及接口管理。

由于移动应用产品使用环境的场景不同，带有网络请求功能的产品受限于用户所在的地理位置和空间情况。北斗 YNCORS+地理信息服务 iOS 版 SDK 集成了多个地图服务商的地图服务，但是各服务在不同网络环境下的响应时间是不尽相同的。北斗 YNCORS+地理信息服务 iOS 版 SDK 的请求查询接口功能通过发送网络请求获取响应时间统计和分析，并得出网络服务最佳结果，为用户推荐当前环境下最好的地图服务(从百度地图、高德地图、腾讯地图和"天地图"的服务器返回数据)。请求查询接口针对用户时间敏感的操作返回最佳结果，帮助程序开发人员将最好的服务提供给用户。

数据本地化操作提供给需要自定义地理信息的用户使用。在复杂的地理信息项目中，网络服务商提供的地理编码信息并不能覆盖全部的业务需求。北斗 YNCORS+地理信息服务 iOS 版 SDK 的地理编码维护接口功能实现地理编码数据的本地化，用户将需要维护的地理编码和反编码信息以数组的形式传给地理编码维护接口。地理编码维护接口记录最新一次传入的地理编码和反编码信息。在用户调用地理编码或地理反编码接口的时候，SDK 将首先从地理编码维护接口存储的用户自定义的编码信息获取数据；如果查询数据为空，将继续从网络获取由地图服务商提供的地理编码和反编码信息并展示到地图上；如果查询数据不为空，则将用户传入自定义的地理编码信息和数据展示到地图上。

地理信息应用涉及的领域需要一定的安全性和保密性，在涉密行业开发移动地图应用需要慎重考虑程序对数据的使用和隐私保护。北斗 YNCORS+地理信息 iOS 版 SDK 提供的隐私保护接口功能通过用户绑定的开发者 SDK secret key 实现用户的隐私保护功能。用户绑定的开发者 SDK secret key 通过在 YNCORS SDK 官网上获取，一个 App 对应一个 secret key，如果 secret key 在非注册的 App 上使用或没有正确填写 secret key，将不能调用YNCORS iOS 版 SDK。隐私保护接口功能通过 secret key 保护用户隐私。

错误反馈接口功能帮助用户将错误数据反馈到北斗 YNCORS+地理信息服务 SDK 服务器或用户指定的服务器地址。用户调用错误反馈接口，将会在当前界面上弹出反馈错误窗口。用户准确地在窗口填写相关信息，点击提交按钮，将会将反馈数据传入服务器。

6.4 iOS 版 SDK 使用方法

通过之前的描述,可以了解北斗 YNCORS+地理信息服务 SDK 的基本内容和核心方法。针对上述内容,用户可以概括地了解地理服务的特性及 iOS 版 SDK 对于开发场景的各方位支持。本节将详细介绍 YNCORS iOS 版 SDK 方法的使用及各种方法的使用场景的描绘。下面将结合编写简单的地图小程序的方式介绍 YNCORS iOS 版 SDK 的各种接口方法以及使用场景。

6.4.1 添加开发者 SDK key

为了保证 iOS SDK 的功能正常使用,用户需要申请北斗 YNCORS+地理信息服务平台中间件 iOS 版 SDK、百度地图 SDK、高德地图 SDK、腾讯地图 SDK 的开发密钥,并且配置到项目中。

在 AppDelegate. h 中引入如下头文件:

#import <AMapFoundationKit/AMapFoundationKit. h>

#import <BaiduMapAPI_Base/BMKBaseComponent. h>

#import <BaiduMapAPI_Map/BMKMapComponent. h>

#import <BaiduMapAPI_Location/BMKLocationComponent. h>

#import <BaiduMapAPI_Map/BMKMapView. h>

#import <QMapKit/QMapKit. h>

#import "BNCoreServices. h"

并在 AppDelegate. m 文件中的--(BOOL) application:(UIApplication *) application didFinishLaunchingWithOptions:(NSDictionary *)launchOptions 函数中添加如下代码:

```
BMKMapManager * BaidumapManager = [[BMKMapManager alloc]init];
    //如果要关注网络及授权验证事件,请设定 generalDelegate 参数
    BOOL ret = [BaidumapManager start:@ "百度开发者 SDK"  general
Delegate:nil];
    if (! ret) {
        //打印配置百度地图失败信息
    }
    [BNCoreServices_Instance startServicesAsyn:^{
        [BNCoreServices_Instance authorizeNaviAppKey:@ "百度开发者
```

```
SDK" completion:^(BOOL suc) {
            //NSLog(@ "baidu navi start success");
        }];
    } fail:nil];


    [AMapServices sharedServices].enableHTTPS = YES;
    [AMapServices sharedServices].apiKey = @ "高德地图开发者 SDK";
    [QMapServices sharedServices].APIKey = @ "腾讯地图开发者 SDK";
```

同时，需要将从 YNCORS SDK 网站中申请的开发者 key 填入 YncorsMap. h 文件中的 #define KEY @ " " 中。

根据如上配置，北斗 YNCORS iOS 版 SDK 已经集成到开发者项目之中，接下来介绍如何使用北斗 YNCORS iOS 版 SDK 进行开发。

6.4.2　Hello Map

地图程序一般是围绕程序加载的地图进行操作和处理的。可视化的地图信息、标注点以及绘制的区块帮助程序员将信息多样化地展示。用户通过拖曳、捏合地图可以迅速浏览指定地点的信息。地图展示在地理信息软件的研发过程中作为开发的基础，需要在最开始进行地图展示接口功能的介绍。在本书的程序示例中同样以先加载地图到界面上作为开始。就像编程书籍都以编写并输出"Hello World"作为开始一样，本书将通过"Hello Map"开启 YNCORS+地理信息服务平台 iOS 版 SDK 接口使用介绍。

地理信息服务协议池设计的初衷就是支持多种地图服务。根据市场上的主流地图服务以及用户的使用需求，地理信息服务协议支持封装了"天地图·云南"、百度地图、高德地图以及腾讯地图的地图服务。

北斗 YNCORS+地理信息服务平台中间件 iOS 版 SDK 为开发者提供了非常便捷的多地图（"天地图"、百度地图、腾讯地图、高德地图）显示的接口功能，在显示地图接口中传入地图枚举类型的数据参数之后，通过以下几步操作，即可在应用中使用各地图数据。

1. 创建并配置工程

具体方法参见 6.2.3 小节相关内容。

2. 新建 UIViewController

点击 Xcode 的"File"菜单，在弹出的菜单项中选择"File..."，如图 6-39 所示。

图 6-39　新建项目文件

然后在弹出的对话框中选择"Cocoa Touch Class"模板，即可创建新的 UIController，如图 6-40 所示。

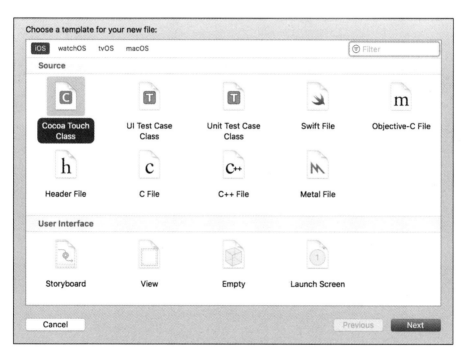

图 6-40　用模板添加新 UIController 文件

在如图 6-41 所示的对话框中填写新建的 UIController 类的类名即可完成创建工作。

3. 导入 YnCorsMap.h 头文件

创建完成 UIController 之后，Xcode 将在编辑器中打开该 UIController 的代码，这时可以看到，Xcode 已经按照模板在 UIController 中添加了一些代码，示例如下：

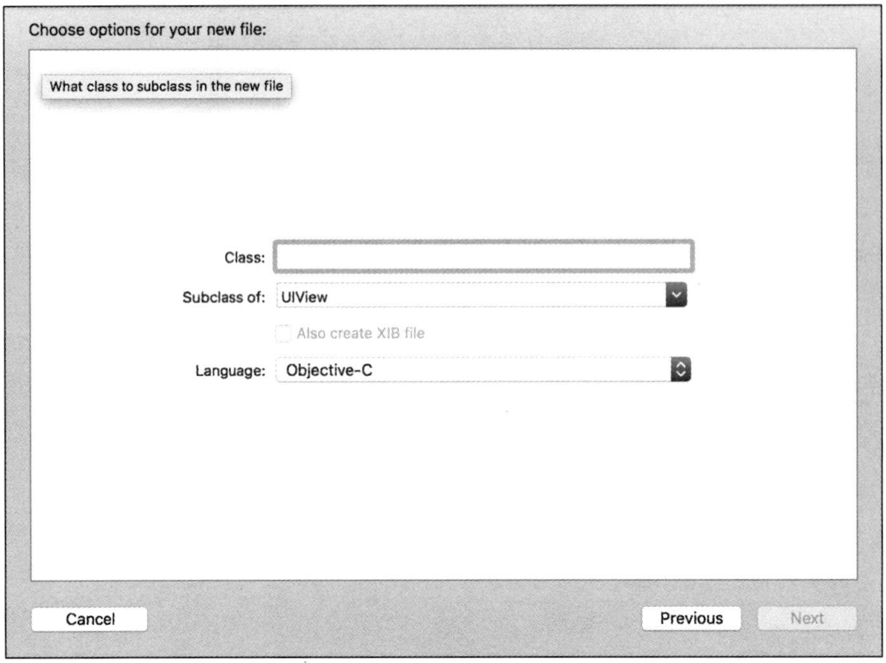

图 6-41 填写新文件的文件名

```
1.//
2.// ViewController.h
3.//北斗和天地图地理信息服务 SDK 示例
4.//
5.// Created by YJD on 2020/11/30
6.// Copyright © 2020 年 YJD.All rights reserved.
7.//
8.
9.#import<UIKit/UIKit.h>
10.#import "YncorsMap.h"
```

根据第 2 章介绍的内容，将 SDK 集成到项目之后，需要在代码中引用 YncorsMap.h 头文件才可以正常使用 SDK 提供的各项功能，如示例代码第 10 行所示：

```
1.//
2.// ViewController.h
3.//北斗和天地图地理信息服务 SDK 示例
4.//
```

```
5.//  Created by YJD on 2020/11/30
6.//  Copyright© 2020 年 YJD.All rights reserved.
7.//
8.
9.#import<UIKit/UIKit.h>
10.#import"YncorsMap.h"
11.
12.@ interface ViewController : UIViewController <mapDataReturn
    Delegate>
13.
14.@ property (nonatomic,string) YNCorsMap
```

导入头文件之后，尝试在 interface 中声明并创建 YncorsMap 的实例对象，如果代码自动提示可以出现 YncorsMap 的提示对象，证明导入成功。

4. 创建地图对象

在 .h 文件中声明地图对象，如下所示：

```
14.@ property (nonatomic,strong) YncorsMap * sdkMap;
```

并在 .m 文件中创建地图对象：

```
1._sdkMap = [[YncorsMap alloc] initWithFrame:self.view.frame];
2.[self.view addSubview:_sdkMap];
3.[_sdkMap startServiceWithiDentifyKey:@ "输入 YnCorsMap 申请的开发
    者 key"];
4.[_sdkMap showMapViewWith:Amap];
```

Swift 版本写法如下所示：

```
1.sdkMap = YncorsMap(frame: view.frame)
2.view.addSubview(sdkMap)
3.sdkMap.startServiceWithiDentifyKey("输入 YnCorsMap 申请的开发者
    key")
4.sdkMap.showMapView(with: Amap)
```

此处通过设置 showMapViewWith: 方法，将高德地图设置为默认的展示地图。如果需要使用百度地图、"天地图"、腾讯地图，则可以将参数从 Amap 替换为 Bmap、Tmap 或 Qmap。

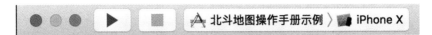

图 6-42　程序运行工具栏

完成以上步骤后，即可在应用中显示并加载地图。点击如图 6-42 所示导航栏上的三角形运行符号或者"Product→Run"运行程序。第一次运行程序时，需要选择对应的运行模拟设备，最终在设备上展示如图 6-43 所示的地图。

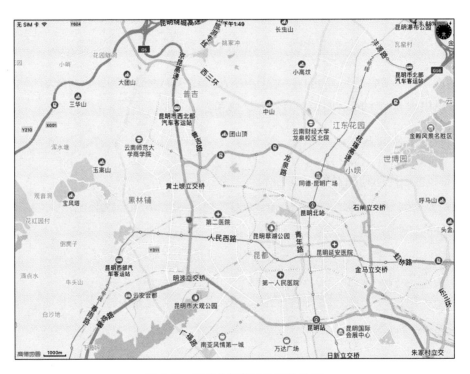

图 6-43　初始化加载了地图的界面

5. 开发注意事项

由于系统版本和开发环境的不同，用户需要保持 SDK 到最新版本或本书中介绍的兼容版本，同时也需要注意软件使用设备的 CPU 架构。

在开发过程中需要注意系统兼容性以及开发软件的兼容版本：

- 支持 Xcode 9.0 以上系统。
- 支持 5 种 CPU 架构：arm64、arm64e、armv7、armv7s、x86_64。

6.4.3 核心功能使用方法

1. 地图显示、地图切换、影像图切换

北斗 YNCORS+地理信息服 iOS 版 SDK 支持 21 级的地图显示，表 6-2 为各地图类型和图层支持层级说明。

表 6-2 支持地图类型层级表

地图类型或图层类型	显示层级
2D 地图	3~19
室内地图	3~20
卫星图	3~19
路况交通图	3~19

地图渲染，代码如下：

```
1.-(void)viewDidLoad {
2.    [super viewDidLoad];
3.    _sdkMap = [[YncorsMap alloc] initWithFrame:self.view.
   frame];
4.    [self.view addSubview:_sdkMap];
5.    [_sdkMap startServiceWithiDentifyKey:@""];
6.    [_sdkMap showMapViewWith:Baidu];
7.
8.    CLLocationCoordinate2D cord = CLLocationCoordinate2DMake
   (25.09890,103.5949499);
9.    [_sdkMap.bMapView setCompassImage:[UIImage imageNamed:
   @""]];
10.   [_sdkMap.bMapView setCenterCoordinate:cord];
11.   [_sdkMap.bMapView setMapType:BMKMapTypeStandard];
12.   [_sdkMap.bMapView setZoomLevel:10];
```

```
13.    BMKPointAnnotation * annotation = [[ BMKPointAnnotation
   alloc] init];
14.    [annotation setCoordinate:cord];
15.    [annotation setTitle:@ ""];
16.    [_sdkMap.bMapView addAnnotation:annotation];
17.}
```

Swift 版代码如下：

```
1.func viewDidLoad() {
2.    super.viewDidLoad()
3.    sdkMap =YncorsMap(frame: view.frame)
4.    view.addSubview(sdkMap)
5.    sdkMap.startServiceWithiDentifyKey("")
6.    sdkMap.showMapView(with:Baidu)
7.
8.    let cord: CLLocationCoordinate2D = CLLocationCoordinate2
   DMake(25.09890,103.5949499)
9.    sdkMap.bMapView.compassImage =UIImage(named: "")
10.    sdkMap.bMapView.centerCoordinate = cord
11.    sdkMap.bMapView.mapType =BMKMapTypeStandard
12.    sdkMap.bMapView.zoomLevel =10
13.    let annotation = BMKPointAnnotation()
14.    annotation.coordinate = cord
15.    annotation.title =""
16.    sdkMap.bMapView.addAnnotation(annotation)
17.}
```

其中，YncorsMap 对象中与地图显示相关的核心属性如表 6-3 所示。

表 6-3　YncorsMap 属性表

属性	类型	说明
mapCoord	CLLocationCoordinate2D	中心点坐标
mapType	mapType	地图类型

属性	类型	说明
zoomL	Double	地图缩放级别(默认为12)
isALocationStart	BOOL	高德地图定位开启状态
isASateLiteStart	BOOL	高德地图卫星图开启状态
isBLocationStart	BOOL	百度地图定位开启状态
isBSateLiteStart	BOOL	百度地图卫星图开启状态
isQLocationStart	BOOL	腾讯地图定位开启状态
isQSateLiteStart	BOOL	腾讯地图卫星图开启状态
isTLocationStart	BOOL	天地图定位开启状态
isTSateLiteStart	BOOL	天地图卫星图开启状态
navLocations	NSMutatbleArray	导航途经点坐标集合
totalLength	Double	测距总长度
pointList	NSMutableArray	地图标注点集合

切换地图类别和地图类型:

```
1.//调用地图方法之前要定制地图的 type 类型
2.
3.typedef enum mapTy{  //设置调用地图的类别
4.    Amap =0,//高德地图
5.Tencent =1,//腾讯地图
6.Baidu =2,//百度地图
7.Tian =3  //天地图
8.}mapTSelect;
```

北斗 YNCORS+地图信息服务 iOS 版 SDK 提供了 2 种可配置的地图类型,包括普通地图和卫星图。SDK 集成的四种地图服务:高德地图、百度地图、腾讯地图,"天地图"均支持普通地图和卫星影像图切换功能。

下面介绍 4 种地图类别的切换。

地图类别:SDK 提供了 4 种平台的地图资源(高德地图、百度地图、腾讯地图、"天地图"),YncorsMap 类提供了四种枚举类型的类别选择,具体如表 6-4 所示。

表 6-4　地图支持列表

类别名称	说明
Amap	高德地图
Tencent	腾讯地图
Baidu	百度地图
Tian	天地图

开发者可以利用下面的方法：-（void）changeMapType：（mapTSelect）type 改变地图类别。

下面介绍切换地图类型，如何打开普通地图及卫星地图。

地图类型：SDK 提供了 2 种类型的地图资源（普通矢量地图、卫星图），YncorsMap 类提供图层类型常量，具体如表 6-5 所示。

表 6-5　地图类型名称属性表

类型名称	说明
isAsateLiteStart	卫星图
isALocationStart	普通地图

开发者可以利用-（void）showSateLiteMapWithMapType 方法来设置地图类型，下面做简单展示。

普通地图：基础的道路地图，显示道路、建筑物、绿地以及河流等重要的自然特征。设置普通地图的代码如下（卫星地图下同）：

1.［_sdkMap setMapType:Amap］; //切换地图类别

2.［_sdkMap showSateliteMapWithMapType:Amap］; //切换显示卫星地图

3.［_sdkMap.aMapView setMapType:MAMapTypeStandard］; //切换普通地图

Swift 版代码如下：

1.sdkMap.mapType = Amap//切换地图类别

2.sdkMap.showSateliteMap(withMapType: Amap)//切换显示卫星地图

3.sdkMap.aMapView.mapType = MAMapTypeStandard//切换普通地图

显示效果如图 6-44 所示。

前面设置卫星地图的代码说明如下：

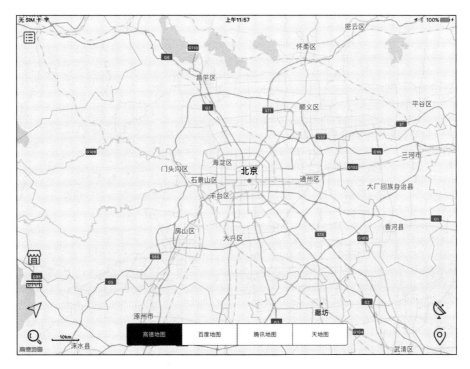

图 6-44　普通(线划)地图示意

_sdkMap 是 YncorsMap 的实例对象，在该对象初始化时，需要设置显示的地图类型。地图类型是系统中一个枚举类型的参数，该枚举类型注明需要切换成卫星地图的地图类型：Amap 高德地图、Bmap 百度地图、Qmap 腾讯地图、Tmap"天地图"。之后可以通过方法 showSateliteMapWithMapType 将地图切换成显示卫星的地图。

显示效果如图 6-45 所示。

SDK 实现了多地图服务之间的切换，用户可在地图上进行地图之间的切换，得到不同的应用场景(地图服务有百度地图、高德地图、腾讯地图、"天地图"4 种)，核心代码如下：

```
1.switch (type){
2.    case Amap:
3.        [_sdkMap changeMapType:Amap];
4.        break;
5.    case Tencent:
6.        [_sdkMap changeMapType:Tencent];
7.        break;
8.    case Baidu:
```

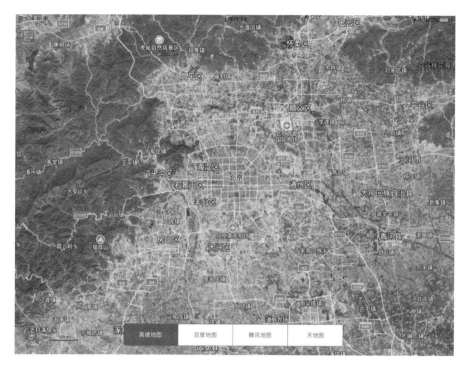

图 6-45　卫星地图示意

```
9.        [_sdkMap changeMapType:Baidu];
10.          break;
11.     case Tian:
12.        [_sdkMap changeMapType:Tian];
13.          break;
14.     default:
15.          break;
16.}
```

Swift 版代码如下：

```
1.switch type {
2.    case Amap:
3.        sdkMap.changeMapType(Amap)
4.    case Tencent:
5.        sdkMap.changeMapType(Tencent)
6.    case Baidu:
7.        sdkMap.changeMapType(Baidu)
```

```
8.    case Tian：
9.        sdkMap.changeMapType(Tian)
10.   default：
11.       break
12.}
```

使用创建的 YNcorsmap 对象 sdkMap，调用 changeMapType：mapTselect 方法，改变界面上的显示地图类别。

效果如图 6-46 所示。

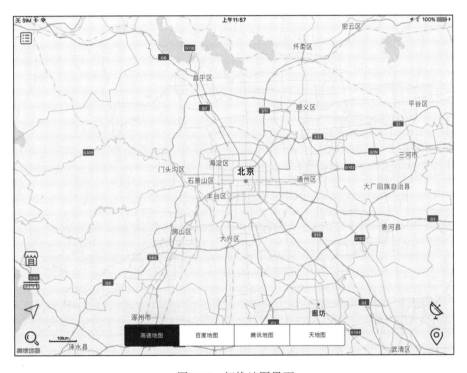

图 6-46　切换地图界面

2. 定位功能

使用地图 SDK 之前，需要在 info. plist 文件中进行定位权限设置(图 6-47)，确保地图功能可以正常使用。

在 plist 中添加 key：Privacy - Location When In Use Usage Description，并修改 Type 为 String，同时对应 key 的 Value 值为一个可以提示用户调用位置的提示信息。

Key	Type	Value
▼ Information Property List	Dictionary	(20 items)
Allow Arbitrary Loads	Boolean	YES
Localization native development region	String	$(DEVELOPMENT_LANGUAGE)
Bundle display name	String	北斗地图示例
Executable file	String	$(EXECUTABLE_NAME)
Bundle identifier	String	$(PRODUCT_BUNDLE_IDENTIFIER)
InfoDictionary version	String	6.0
Bundle name	String	$(PRODUCT_NAME)
Bundle OS Type code	String	APPL
Bundle versions string, short	String	1.0
Bundle version	String	1
Application Category	String	
▼ LSApplicationQueriesSchemes	Array	(1 item)
Item 0	String	baidumap
Application requires iPhone environment	Boolean	YES
▶ App Transport Security Settings	Dictionary	(0 items)
Privacy - Location When In Use Usage Description	String	调用用户位置
Launch screen interface file base name	String	LaunchScreen
Main storyboard file base name	String	Main
▶ Required device capabilities	Array	(1 item)
▶ Supported interface orientations	Array	(3 items)
▶ Supported interface orientations (iPad)	Array	(4 items)

图 6-47　定位功能配置

SDK 封装了百度地图、高德地图、腾讯地图、“天地图”四大地图服务，可自由切换不同地图、实现不同的功能。

SDK 获取相应的位置信息，然后利用地图 SDK 中的接口，可以在地图上展示实时位置信息，核心代码如下：

```
1.[_sdkMap showLocationWithMapType:Amap];
2.BOOL showLoc = [_sdkMap.aMapView showsUserLocation];
3.BOOL isUserLocationVisible = [_sdkMap.aMapView isUserLocation
  Visible];
4.[_sdkMap.aMapView setAllowsBackgroundLocationUpdates:YES];
5.[_sdkMap stopShowLocationWithMapType:Amap];
```

Swift 版代码如下：

```
1.sdkMap.showLocation(withMapType: Amap)
2.var showLoc: Bool = sdkMap.aMapView.showsUserLocation
3. var isUserLocationVisible: Bool = sdkMap.aMapView.isUserLoca-
   tion Visible()
4.sdkMap.aMapView.allowsBackgroundLocationUpdates = true
5.sdkMap.stopShowLocation(withMapType: Amap)
```

高德地图、百度地图、腾讯地图的效果分别如图 6-48、图 6-49 和图 6-50 所示。

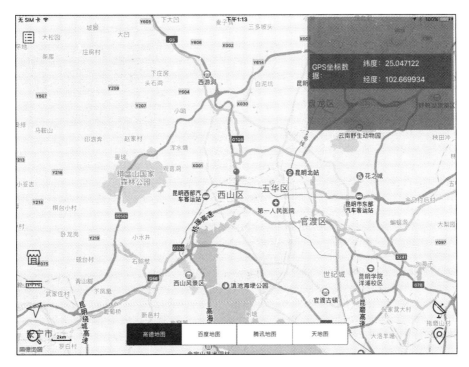

图 6-48　高德地图定位显示界面

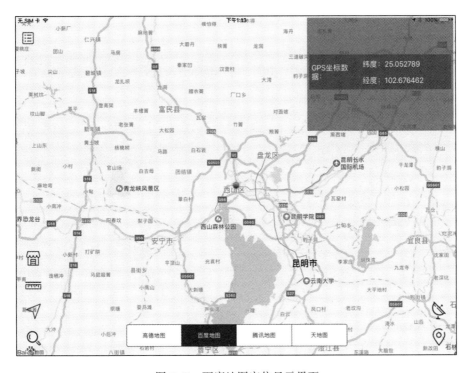

图 6-49　百度地图定位显示界面

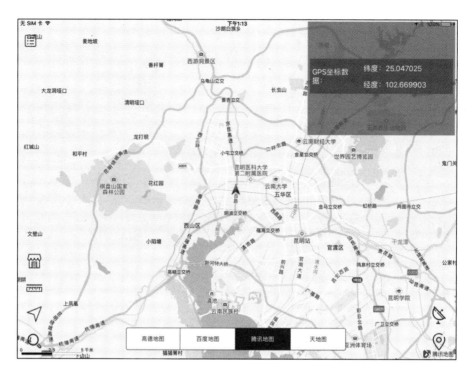

图 6-50　腾讯地图定位显示界面

3. 地理编码与反编码

地理编码和反编码是 SDK 的重要功能，在 SDK 中调此方法如以下代码所示：

```
1. #import "YncorsMap.h"
2. @ interface ViewController: UIViewController < mapDataReturn
   Delegate>
3.
4. [sdkMap changeMapType:Amap];
5. _sdkMa.mapReturnDelegate =self;
6. [_sdkMap locationEncodeWith:@ "清华大学" andCity:@ "北京市"];
7. [_sdkMap locationDecode:cord.latitude and:cord.longitude];
8.
9. #pragma mark - mapReturn Delegate
10. - ( void) encodeReturnInfo: ( AMapGeocodeSearchResponse * )
    response{ //高德地图、百度地图地理编码返回信息
11. // 在此方法中根据 response 的数据进行解析并展示
```

```
12./*
13.    @ property（nonatomic,assign）NSInteger count；
14.    @ property（nonatomic,strong）NSArray<AMapGeocode * >
   * geocodes
15.    * /
16.}
17.-（void）decodeReturnInfo:（AMapReGeocodeSearchResponse * ）
   response{ //高德地图、百度地图地理编码返回信息
18.    //在此方法中根据 response 的数据进行解析并展示
19.    /*
20.    @ property（nonatomic,assign）NSInteger count；
21.    @ property（nonatomic,strong）NSArray<AMapGeocode * >
   * geocodes
22.    * /
23.}
```

Swift 版代码如下：

```
1.sdkMap.changeMapType(Amap)
2.sdkMa.mapReturnDelegate =self
3.sdkMap.locationEncode(with:"清华大学",andCity:"北京市")
4.sdkMap.locationDecode(cord.latitude,and: cord.longitude)
5.func encodeReturnInfo(_ response: AMapGeocodeSearchResponse?) {
6.//高德地图、百度地图地理编码返回信息
7.//在此方法中根据 response 的数据进行解析并展示
8./*
9.     @ property（nonatomic,assign）NSInteger count；
10.     @ property（nonatomic,strong）NSArray<AMapGeocode * >
   * geocodes
11.     * /
12.}
13.
14.func decodeReturnInfo（_ response: AMapReGeocodeSearchRes-
   ponse?）{
```

15.　　　　//高德地图、百度地图地理编码返回信息

16.　　　　//在此方法中根据 response 的数据进行解析并展示

17.　　　　/*

18.　　　　　　@ property（nonatomic,assign）NSInteger count；

19.　　　　　　@ property（nonatomic,strong）NSArray<AMapGeocode＊>
＊geocodes

20.　　　　　　＊/

21.}

首先要在 . h 文件中声明返回数据的代理，在@ interface Viewcontroller 之后声明
<mapDataReturnDelegate>；

在 . m 文件中声明_ sdkMap. mapReturnDelegate ＝ self；

并实现－（void）encodeReturnInfo：（AMapGeocodeSearchResponse ＊）response 方法和
－（void）decodeReturnInfo：（AmapReGeocodeSearchResponse ＊）response 方法。

地图的地理编码使用 locationEncodeWith：andCity 方法。

地图的反编码使用 locationDecode lat andlong 方法。

效果如图 6-51、图 6-52 所示。

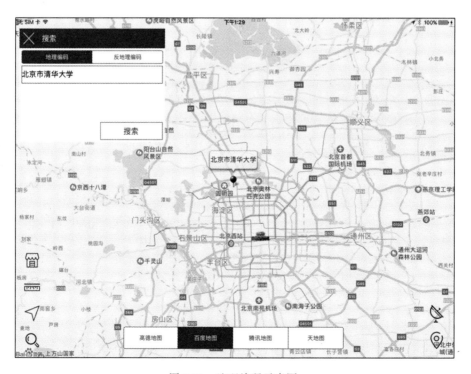

图 6-51　地理编码示意图

168

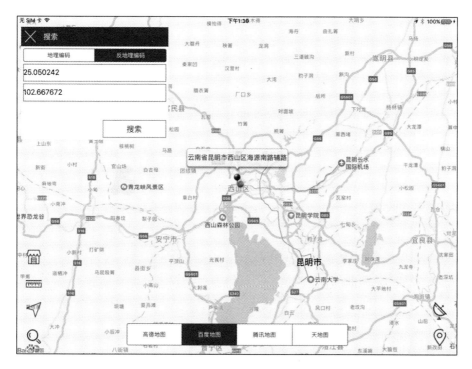

图 6-52　地理反编码示意图

4. POI 数据读取

POI 检索和数据读取是地图应用的重要组成部分，随着智能手机的普及和移动网络的不断发展，更多的用户倾向于通过手机上的地图应用来获取和查询想要去的地方，为用户提供丰富的 POI 搜索资源和高效可用的 POI 搜索结果，可以帮助开发者为用户提供优质的软件用户体验。

北斗 YNCORS+地理信息服务 iOS 版 SDK 百度地图和高德地图两种 POI 搜索资源的接口，同时提供三种区域范围类型的 POI 检索方式：城市内检索、周边检索和区域检索(即矩形范围检索)。下面将以 POI 城市内检索、周边检索和区域检索为例，介绍如何使用检索服务。

代码如下：

```
1.-(void)POISearchResponse:(id)responseObject{
2./*
3.    ///POI 搜索返回 responseObject：
4.    ///返回的 POI 数目
```

169

```
5.    @ property(nonatomic,assign) NSInteger count;
6.    ///关键字建议列表和城市建议列表
7.    @ property (nonatomic,strong) AMapSuggestion * suggestion;
8.    ///POI 结果,AMapPOI 数组
9.    @ property(nonatomic,strong) NSArray<AMapPOI * > *pois;
10.    * /
11.}
```

Swift 版代码如下：

```
1.func poiSearchResponse(_ responseObject: Any?) {
2./*
3.        ///POI 搜索返回 responseObject:
4.        ///返回的 POI 数目
5.        @ property(nonatomic,assign) NSInteger count;
6.        ///关键字建议列表和城市建议列表
7.        @ property (nonatomic,strong) AMapSuggestion * suggestion;
8.        ///POI 结果,AMapPOI 数组
9.        @ property(nonatomic,strong) NSArray<AMapPOI * > * pois;
10.        * /
11.}
```

调用 POI 搜索的方法，依然需要像地理编码和反编码一样注册返回数据的代理，处理返回的搜索数据。

首先，要指定地图的类型，如高德地图、百度地图。

然后，使用 searchLocationWithKeywords 方法发送 POI 数据请求。

在 POISearchResponse：(id)responseObject 方法中处理返回数据。

返回的 POI 数据包括 POI 数目，关键字建议列表和城市建议列表，以及返回的 POI 结果数组。

效果如图 6-53、图 6-54 所示。

5. 目录服务

目录服务是指 SDK 提供给用户的服务目录，使用户可以按一定的机制来访问 SDK 的资源，能快速地了解 SDK 提供了哪些服务。

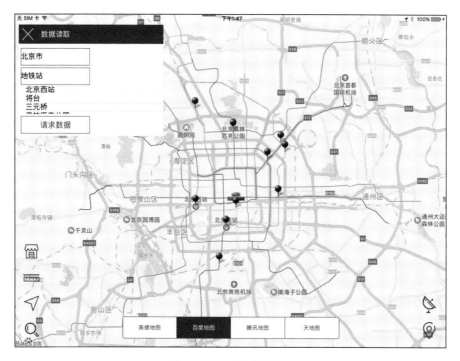

图 6-53 POI 搜索结果一

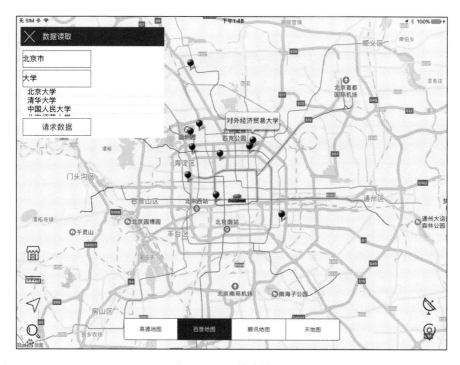

图 6-54 POI 搜索结果二

目录服务的代码核心是 indexService 方法。

代码如下：

```
1.NSMutableArray *index = [[NSMutableArray alloc] init];
2.index = [_sdkMap indexService];// 目录信息将数据以 NSMutableArray
  的形式返回,每一个 Object 都是一个包含指定地图服务的数据字典,用户可以对数
  据进行解析并显示到界面
3.NSLog(@ "目录信息 ---- % @ ",index);
```

Swift 版代码如下：

```
1.var index: [AnyHashable] = []
2.index = sdkMap.indexService()// 目录信息将数据以 NSMutableArray 的
  形式返回,每一个 Object 都是一个包含指定地图服务的数据字典,用户可以对数据
  进行解析并显示到界面
3.print("目录信息 ---- \(index)")
```

效果如图 6-55 所示。

图 6-55　目录服务示意图

6.4.4　管理维护接口

1. 日志管理

SDK 用户在进行二次开发时，可以通过日志的形式记录开发错误日志和有关定位信息使用日志等，并可以进行错误反馈，使这些信息在有条件时传输到指定的服务器中，便于 SDK 后期的维护管理。

代码如下：

```
1.NSArray *logArray = [_sdkMap logArray];
2.NSLog(@"日志数组 ---- %@",logArray);
```

Swift 版代码如下：

```
1.var logArray = sdkMap.logArray()
2.print("日志数组 ---- \(logArray)")//logArray 是日志类的实例对象的
  集合
```

日志类属性和访求如表 6-6 所示。

表 6-6　日志类属性表

类	属性	描述
ErrorLog	ErrorType	错误日志类型
	ErrorContent	错误日志内容
	ErrorFunction	报错的方法
NormalFunction	FunctionName	正常调用方法的名称
	FunctionTime	正常调用方法的时间
	FunctionDescription	正常调用方法的描述

2. 请求查询

SDK 可以通过数据请求和返回的时长确定服务质量，使开发者不再被动地通过后端服务商提供的复杂的服务管理工具来管理服务的分发问题，而是直接在前端通过自己设计的逻辑进行服务的管理，有利于完全屏蔽应用前端、行业后端和服务器供应后端这三者间的技术细节，有利于实现彻底的分层式应用设计，同时还有利于开发者利用前端剩余机能来对应用本身进行管控，极大地降低了日益沉重的后端压力。

代码如下：

```
1.mapTSelect type = [_sdkMap MapServiceRequest];
2.switch (type) {
3.    case Amap:
4.        NSLog(@"高德地图");
5.        break;
6.    case Baidu:
7.        NSLog(@"百度地图");
8.        break;
9.    case Tencent:
10.        NSLog(@"腾讯地图");
11.        break;
12.    case Tian:
13.        NSLog(@"天地图");
14.        break;
15.    default:
16.        break;
17.}
```

Swift 版代码如下：

```
1.var type: mapTSelect = sdkMap.mapServiceRequest()
2.switch type {
3.    case Amap:
4.        print("高德地图")
5.    case Baidu:
6.        print("百度地图")
7.    case Tencent:
8.        print("腾讯地图")
9.    case Tian:
10.        print("天地图")
11.    default:
12.        break
13.}
```

3. 地理编码维护

iOS 版本的 SDK 也支持地理编码重编码，把需要重编码的地点坐标写在一个 XML 文件中，就能实现虚拟地理编码服务。

具体使用步骤如下。

第一步：在 App 项目的沙盒目录下创建需要指定文件名的 json 文件。

第二步：调用 localEncodeFileDatawithFileName，读取 json 内容后通过接口赋值给 dic 对象，具体代码如下：

```
NSDictionary * dic = [_sdkMap localEncodeFileDataWithFileName:"保存在本地的地理编码文件名称"];
```

Swift 版代码如下：

var dic = sdkMap. localEncodeFileData(withFileName：" 保存在本地的地理编码文件名称")

用户进行地理编码反编码操作时可以遍历 dic 数据中的地理编码数据，进行操作。

4. 隐私保护

北斗 YNCORS+地理信息服务 SDK 的安全体系分为两个方面：一方面，SDK 对数据进行加密；另一方面，SDK 使用必须通过密钥进行验证。

数据信息加密：SDK 可调用本地端加密的地图服务，通过使用桌面 GIS 软件对数据加密，可以确保在 SDK 端对数据的隐私进行保护。同时，可以进行应用用户个人隐私权保护。通过构建隐私保护的接口赋予开发者在应用前端拥有对地图服务和位置服务的管理、隐蔽、伪装和控制能力。

密钥验证：SDK 采用安全密钥体系。用户在使用 SDK 之前需要获取开发密钥(Key)，该 Key 与开发者账户相关联。必须先创建开发者账户，才能获得 Key(相关步骤查看入门指南)。在用户调用 SDK 接口前，首先调用密钥验证接口验证密钥是否有效：如果有效，SDK 才会调用相应的其他接口；如果无效，则返回。每个 Key 仅且唯一对于一个应用验证有效，即对该 Key 配置环节中使用的包名匹配的应用有效。因此，多个应用(包括多个包名)需申请多个 Key，或者对一个 Key 进行多次配置。

5. 意见反馈接口

SDK 提供意见反馈接口，用户可以调用这个接口向服务器发送自己对 SDK 使用中的错误和需要改进的意见，后台管理员可根据这些意见对 SDK 做进一步的修改。

具体使用步骤如下。

先构建意见反馈接口对象，调用 ErrorFeedBackWithParameters andURL 接口将封装好的反馈信息发送到指定的服务器地址中，代码如下：

```
[_sdkMap ErrorFeedBackWithParameters:dic andURL:@ "需要上传的服务器的路径"];
```

Swift 版代码如下：

```
sdkMap.errorFeedBack(withParameters: dic,andURL: "需要上传的服务器的路径")
```

其中，dic 字典里包含的信息如下：

NSString 类型的 Type：unstable，suggestion，others，问题类别。

NSString 类型的 Description：问题描述。

NSString 类型的 ContactInfo：联系方式。

效果如图 6-56 所示。

图 6-56　意见反馈界面

6. 距离量算

距离量算功能接口适用于用户需要对地图两个及以上位置点进行直线距离计算等场景。北斗 YNCORS+地理信息服务 iOS 版 SDK 提供距离量算功能接口。距离量算接口功能通过用户在地图上点击标注点后，根据计算返回所有标注点连接线段在地图上映射的总距离。

距离量算功能以高德地图、百度地图和腾讯地图为基础，在电子地图显示范围内进行两次鼠标点击，即可量算两点间的距离。

根据用户指定的两个坐标点，计算这两个点的实际地理距离。代码如下：

```
1. [_sdkMap lengthMeasureWithMapType:Amap];
2. [_sdkMap lengthMeasureWithMapType:Tencent];
3. [_sdkMap lengthMeasureWithMapType:Baidu];
4. -(void)lengthValueWithDistance:(CLLocationDistance)distance{
5. }
```

Swift 版代码如下：

```
1. sdkMap.lengthMeasure(withMapType: Amap)
2. sdkMap.lengthMeasure(withMapType: Tencent)
3. sdkMap.lengthMeasure(withMapType: Baidu)
4. func lengthValue(with distance: CLLocationDistance) {
5. }
```

首先，要调用 lengthMeasureWithMapType 方法开始在地图上点击地点进行测距。

然后，需要实现 mapReturnDelegate 中的 lengthValueWithDistance 方法来处理返回的距离数据。通过 lengthValueWithDistance 方法获得的数据是总的距离长度。

高德地图、百度地图和腾讯地图进行距离量算的效果如图 6-57~图 6-59 所示。

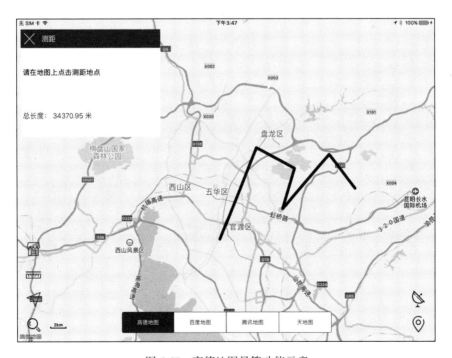

图 6-57　高德地图量算功能示意

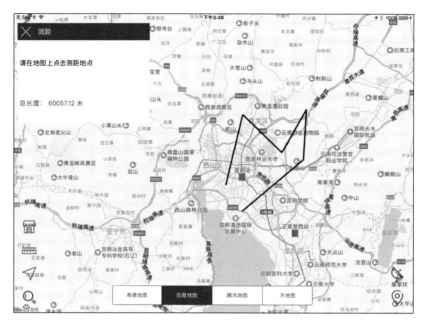

图 6-58　百度地图量算功能示意

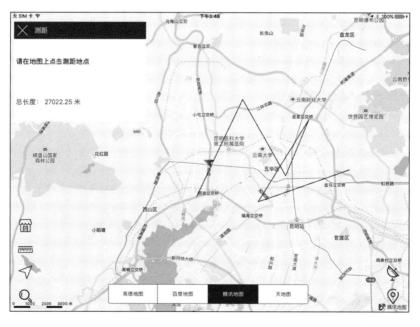

图 6-59　腾讯地图量算功能示意

7. 导航服务

北斗 YNCORS+地理信息服务 iOS 版 SDK 支持通过调用高精度地图服务和高精度导航

定位服务。

导航功能内置的地图服务同时打包了语音导航服务。并支持用户通过传入参数进行多样化的路径分析功能，如推荐时间最快、距离最短和最少收费。

地图导航的逻辑是用户指定起始点和终点信息，北斗 YNCORS+地理信息服务 SDK 中的导航接口通过传入的地址信息向服务端发起请求。地图服务的服务端经过计算返回路径规划信息。北斗 YNCORS+地理信息服务 SDK 经过数据解析并呈现给用户。用户根据返回的路径规划信息进行判断是否发起导航请求，如果发送导航请求，SDK 将自动弹出导航窗口提示用户进行导航。导航数据根据路径规划数据进行显示。

导航功能支持高德地图导航服务，用户需要在使用前将地图类型切换到高德地图模式。

导航功能的核心代码如下：

```
1.AMapGeocodeSearchRequest * geo = [[AMapGeocodeSearchRequest alloc] init];
2.geo.address =@ "";//设置起始地点的地点关键词
3.AMapGeocodeSearchRequest * geo2 = [[AMapGeocodeSearchRequest alloc] init];
4.geo2.address =@ "";//设置结束地点的地点关键词
5.[_sdkMap.amapSearch AMapGeocodeSearch:geo];//请求数据
6.[_sdkMap.amapSearch AMapGeocodeSearch:geo2];
7.[_sdkMap calculateRoute];//开始路径计算
8.#pragma mark - mapReturn Delegate
9.-(void) onCalculateRouteFinished:(AMapGeocodeSearchResponse *)response{
10./*
11.    @property(nonatomic,assign) NSInteger count;
12.    ///地理编码结果 AMapGeocode 数组
13.    @property(nonatomic,strong)
    NSArray<AMapGeocode * > *geocodes;
14.    */
15.    AMapDrivingRouteSearchRequest *navi = [[AMapDrivingRouteSearchRequest alloc]init];
16.    AMapNavPoint * sPoi = [AMapNaviPoint locationWithLatitude:
```

```
   [[[_sdkMap.pointList firstObject] firstObject] doubleValue]
   longitude:[[[_sdkMap.pointList firstObject] lastObjcet]
   doubleValue]];
17.   AMapNavPoint *ePoi = [AMapNaviPoint locationWithLatitude:
   [[[_sdkMap.pointList lastObjcet] firstObject] doubleValue]
   longitude:[[[_sdkMap.pointList firstObject] lastObjcet]
   doubleValue]];
18.     [[AMapNaviDriveManager sharedInstance] calculateDrive
   RouteWithStartPoints:@[sPoi] endPoints:@[ePoi] wayPoints:nil
   drivingStrategy:17];
19.    [_sdkMap.amapSearch AMapDrivingRouteSearch:navi];
20.    [_sdkMap showNavigationView]; //显示导航界面
21.}
```

Swift 版代码如下：

```
1.var geo = AMapGeocodeSearchRequest()
2.geo.address="" //设置起始地点的地点关键词
3.var geo2 = AMapGeocodeSearchRequest()
4.geo2.address="" //设置结束地点的地点关键词
5.sdkMap.amapSearch.aMapGeocodeSearch(geo)//请求数据
6.sdkMap.amapSearch.aMapGeocodeSearch(geo2)
7.sdkMap.calculateRoute()//开始路径计算
8.func onCalculateRouteFinished(_ response: AMapGeocodeSearch
   Response?){
9./*
10.     @property(nonatomic,assign) NSInteger count;
11.     ///地理编码结果 AMapGeocode 数组
12.     @property(nonatomic,strong)
       NSArray<AMapGeocode *> *geocodes;
13.     */
14.    let navi = AMapDrivingRouteSearchRequest()
15.    let sPoi: AMapNavPoint? = AMapNaviPoint.location(with
   Latitude:(sdkMap.pointList.first?.first as? NSNumber)?.
```

```
doubleValue ?? 0.0,longitude: sdkMap.pointList.first?.last
Objcet().doubleValue ?? 0.0)
16.    let ePoi: AMapNavPoint? = AMapNaviPoint.location(with
    Latitude:(sdkMap.pointList.lastObjcet().first as? NSNumber)?.
    doubleValue ?? 0.0,longitude: sdkMap.pointList.first?.last
    Objcet().doubleValue ?? 0.0)
17.    AMapNaviDriveManager.sharedInstance().calculateDrive
    Route(withStartPoints: [sPoi],endPoints: [ePoi],wayPoints:
    nil,drivingStrategy: 17)
18.    sdkMap.amapSearch.aMapDrivingRouteSearch(navi)
19.    sdkMap.showNavigationView()//显示导航界面
20.}
```

首先，声明两个 AMapGeocodeSearchRequest 对象，并设置属性 address 分别为初始地点和结束地点。

然后，调用_ sdkMap. amapSearch AMapGeocodeSearch 方法，请求地理编码信息。

请求结束后开始计算路径，调用 calculateRoute 方法计算路径，效果如图 6-60 所示。最后通过实现 mapReturnDelegate 的 onCalculateRouteFinished 方法，处理数据并加载导航信息。

图 6-60 路径规划成功效果图

最后，使用 showNavigationView 方法唤起导航界面。导航界面如图 6-61 所示。

图 6-61　导航页面显示

6.5　Swift 语言使用 SDK 开发平台

北斗 YNCORS+地理信息服务平台 iOS 版 SDK 同时支持 Swift 4.0 开发语言。开发者使用 Swift 开发语言同样可以使用本 SDK 进行地图移动应用的开发。在使用 Swift 语言开发移动应用并集成了 iOS 版 SDK 到开发环境之后，需要进行以下配置。

6.5.1　Swift 简介

Swift 是美国苹果公司在 2014 年 WWDC(苹果开发者年会)上推出的用来支持 macOS/OS X，iOS，watchOS 和 tvOS 的编程语言。

根据谷歌公司提供的 PYPL(Popularity of Programming Language)编程语言流行度排名显示，从 2019 年 1 月编程语言的排名情况来看(图 6-62)，Swift 语言与之前主流的 iOS 开发语言 Objective-C 在应用趋势上十分接近，使用 Swift 作为 iOS 移动软件进行开发的开发人员也越来越多。因此，为了支持开发人员使用 Swift 进行基于北斗 YNCORS+地理信息服务 iOS 版 SDK 进行开发，下面将介绍如何通过配置程序使用 Swift 进行软件开发。

截至2019年1月（全球范围）				
排名	变化趋势	编程语言	占比	变化率
1	↑	Python	25.95 %	+5.2 %
2	↓	Java	21.42 %	-1.3 %
3	↑	Javascript	8.26 %	-0.2 %
4	↑	C#	7.62 %	-0.4 %
5	↓↓	PHP	7.37 %	-1.3 %
6		C/C++	6.31 %	-0.3 %
7		R	4.04 %	-0.2 %
8		Objective-C	3.15 %	-0.8 %
9		Swift	2.56 %	-0.7 %
10		Matlab	2.04 %	-0.3 %

图 6-62　Swift 语言排名(2019 年 1 月)

6.5.2　创建 HeaderFile 头文件

首先要在文件目录下创建新的 Header File(图 6-63 所示)。

图 6-63　选择 Header File

点击图 6-63 中"Next"按钮后，如图 6-64 所示，先将文件名修改为"＊＊＊-bridging-Header"，并选择文件需要保存的路径，点击"Create"按钮创建文件。其中，"＊＊＊"表示用户可以自定义的名称。

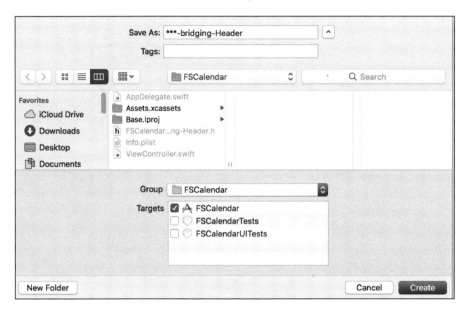

图 6-64　创建 Header 文件

此时，如图 6-65 所示，在文件列表中就可以看到新创建的 ＊＊＊－bridging－Header文件。

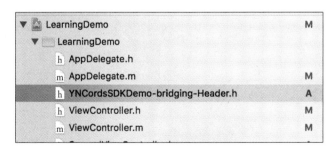

图 6-65　创建好的文件在文件列表中显示

6.5.3　引入 YNCorsSDK 头文件

自动生成的 YNCorsSDKDemo_bridging_Header.h 文件内容如下所示：

```
1.//
2.//   YNCorsSDKDemo-bridging-Header.h
3.//北斗和天地图地理信息服务 SDK 示例
4.//
5.//   Created by YJD on 2020/12/13
6.//   Copyright © 2020 年 YJD.All rights reserved.
7.//
8.
9.#ifndef YNCorsSDKDemo_bridging_Header_h
10.#define YNCorsSDKDemo_bridging_Header_h
11.
12.#endif/* YNCorsSDKDemo_bridging_Headcer_h */
```

这些代码是系统自动生成的。在#endif 代码之前添加需要使用的 oc 代码头文件即可使用 swift 调用 YNCorsSDK 中的方法。如下所示：

```
1.//
2.//   YNCorsSDKDemo-bridging-Header.h
3.//北斗和天地图地理信息服务 SDK 示例
4.//
5.//   Created by YJD on 2020/12/13
6.//   Copyright © 2020 年 YJD.All rights reserved.
7.//
8.
9.#ifndef YNCorsSDKDemo_bridging_Header_h
10.#define YNCorsSDKDemo_bridging_Header_h
11.
12.#import"YncorsMap.h"
13.
14.#endif/* YNCorsSDKDemo_bridging_Headcer_h */
```

6.5.4 Swift 开发小结

使用 Swift 语言同样适用于开发集成了北斗 YNCORS+地理信息服务 iOS 版 SDK 的移动地图类应用程序，用户根据上述步骤导入 SDK 到项目之中并进行环境配置，成功导入

YncorsMap.h 头文件并可以获取调用接口方法的提示，就可以使用 Swift 语言进行开发。Swift 语言具有语法简练、更强的安全类型以及支持函数式编程等优点。开发者使用 Swift 语言进行开发地图应用，可以缩短开发周期并提高代码质量。

6.6　打包并发布 App

经过前文的介绍以及描述，开发者已经可以使用北斗 YNCORS+地理信息服务 iOS 版 SDK 进行 App 的开发和测试。由于苹果软件市场生态的特性，开发者开发完成的 App 需要测试并发布到苹果 App Store 应用市场(图 6-66)中才可以让其他用户使用开发的 App。下面介绍如何打包并发布产品 App，帮助开发者缩短开发周期，将产品最快上线。

图 6-66　App Store 界面

6.6.1　申请 Apple 开发者账号

访问 https：// developer.apple.com 网站，点击右上角"Account"按钮并进入登录注册页面。点击页面上的"立即创建您的 Apple ID"。链接，出现如图 6-67 所示的页面。

图 6-67　创建 Apple ID 页面

根据提示填写用户信息并注册 Apple ID 账号。

注册好 Apple ID 之后返回 https：// developer. apple. com 页面，使用申请的账号进行登录(图 6-68)。

图 6-68　登录苹果开发者网站

6.6.2　申请证书

使用注册好的 Apple ID 和正确的密码顺利登录 Apple 开发者网站之后，如图 6-69 所示，在首页左侧可以看到的"Certificates，Identifiers & Profiles"的选项按钮，如点击该按钮可以查看创建的证书等相关信息列表。

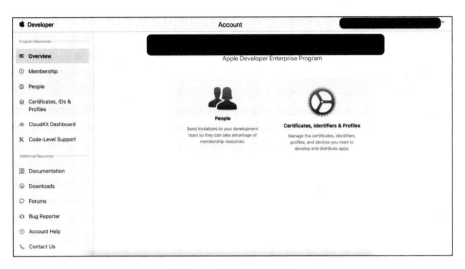

图 6-69　登录成功界面

本例中将介绍如何新建开发者证书，因此需要选择左侧导航栏的"Identifiers"项目中的 App IDs，进入 iOS App IDs 后，出现类似图 6-70 的页面，点击右上角的"+"按钮，创建新的 App ID。

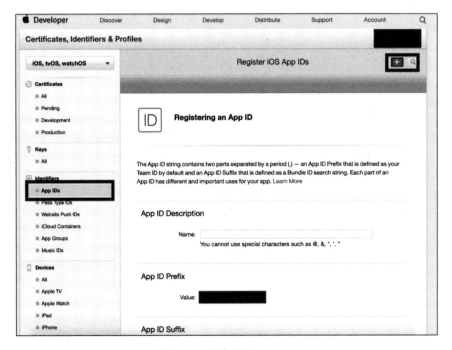

图 6-70　创建新的 App ID

1. 申请 App ID

根据提示填写相关内容如下：

第一项 App ID Descrip Name，此项用来描述产品的 App ID，最好使用项目名称。

第二项 Bundle ID（App ID Suffix），此项是 App ID 的后缀，需要仔细填写。此项内容用来唯一地标示一个 App，和代码直接关联，填写格式为：com. company. appName。

第三项 App Services，默认会选择 2 项，不能修改，根据自己需要的服务选择其他项，然后点击"Continue"确认，下一步，出现类似图 6-71 的页面。

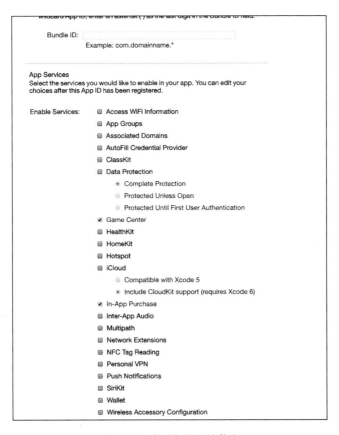

图 6-71　填写产品相关信息

信息填写完成后，点击"Continue"并进入确认页面，确认填写的信息正确即可生成新的 App ID。

2. 申请发布证书

获得开发者账号并正确登录之后，即可申请发布证书，如图 6-72 所示。

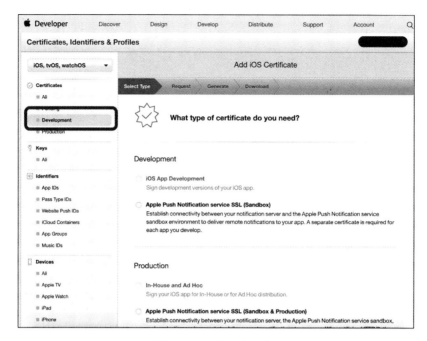

图 6-72　申请发布证书

3. 提交申请发布描述文件

按照网站提示填写必要信息，提交申请信息之后即可下载证书和描述文件，如图 6-73 所示。

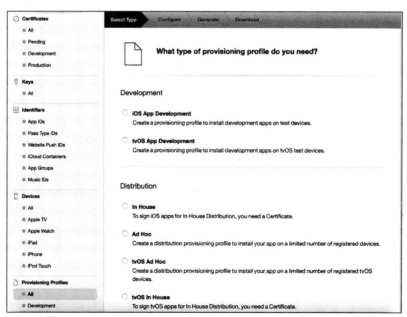

图 6-73　提交申请发布描述文件

将申请的证书和描述文件保存到本地电脑。此时开发上线需要的证书和描述文件就已经创建成功。

6.6.3 证书导入

在使用开发者证书时需要将该证书导入 macOS 操作系统,需要按照图 6-74 所示,进入 macOS 操作系统的"钥匙串"功能,双击保存在本地的证书文件和描述文件,并在钥匙串访问程序中进行查看。如果导入成功,将会在钥匙串中显示(图 6-75)。

图 6-74 打开电脑的钥匙串访问应用

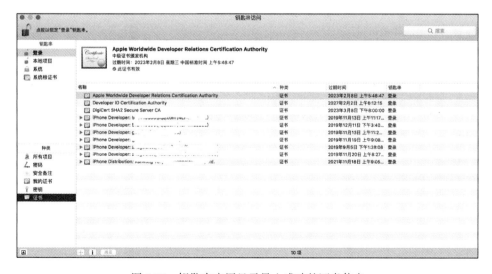

图 6-75 钥匙串应用显示导入成功的证书信息

6.6.4　打包并导出 ipa 文件

在对证书配置成功之后就可以打包 ipa 包并上传到苹果服务器。具体步骤如下所示。
首先需要设置编译对象，如图 6-76 所示。

图 6-76　设置编译对象

之后即可选择 Xcode 的 Product 菜单中的 Archive 菜单项进行打包，如图 6-77 所示。

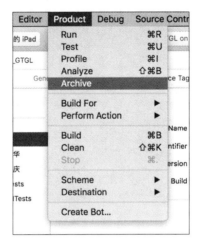

图 6-77　选择 Archive 对程序进行打包

打包完成即可获得 Archive 对象，如图 6-78 所示。

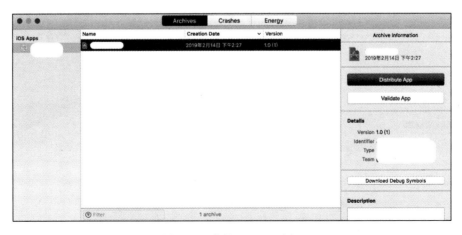

图 6-78　获得 Archive 对象

选择之后进入验证签名阶段(图 6-79)。

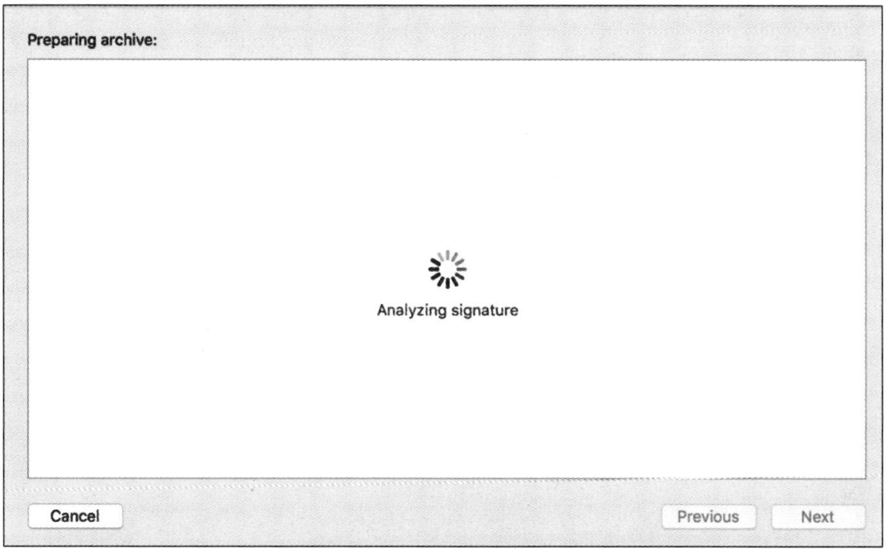

图 6-79　验证签名信息

验证之后将进入发布类型选择的界面,如图 6-80 所示。图中,四个选项分别代表将程序发布到 App Store、装载到指定设备、发布到自己的服务(企业账号)以及发布到开发团队成员中。

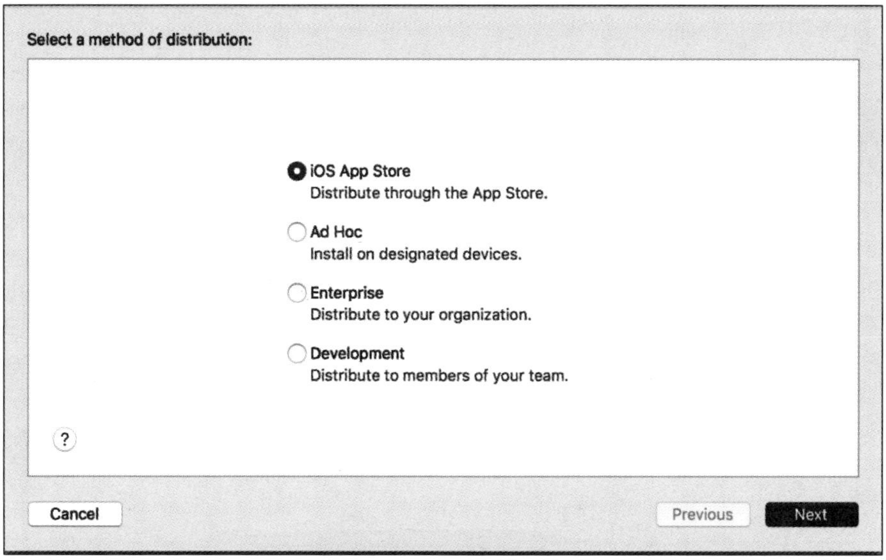

图 6-80　选择发布类型

以企业打包分发为例，接下来进入企业分发选项，首先是选择适配的设置型号，如图 6-81 所示。

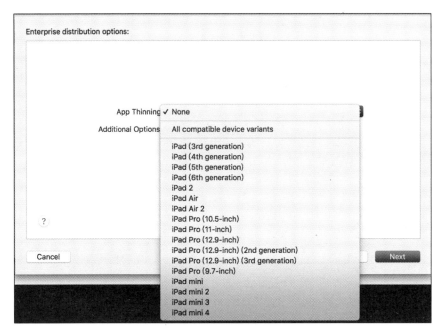

图 6-81　选择适配设备型号

选择完适配设备型号，即可导出 ipa 文件，如图 6-82 所示。ipa 文件即是待发布的应用程序。

图 6-82　获得并导出 ipa 文件

6.6.5　发布 App

程序顺利打包之后，就可以发布 App 到应用商店中，用户可以到 iTunes Connect 网站上创建 App 应用并填写封面信息，上传图标，上传应用程序，填写应用介绍等信息，选择网站的构建版本并输入版本号、分级信息等。所有必要信息填写完成并提交系统后，等待苹果公司进行审核，待 1~3 天审核结束之后，如果反馈成功，即表示开发的 App 已经正式上架并可以进行下载。如果反馈失败，则需要根据反馈邮件或网站信息进行程序修改，并再次提交 App 等待审核。

第7章 应 用 案 例

7.1 燃气管网移动巡检系统

7.1.1 项目概述

随着城市建设的高速发展，城市改扩建过程中给燃气管网管理工作提出了更高的工作要求，使得诸如管网设计、施工建设、更新改造、安全运行、维护管理等方面的管理压力越来越大，传统人工管理的方式已经无法满足需求。为此，某燃气公司于 2010 年建设了一套燃气管网移动巡检系统，使用基于 Windows CE 操作系统的手持 GPS 移动终端，供巡检人员在工作中及时发现问题并进行上报处置。然而在该系统长时间运行之后，燃气管理部门逐渐发现系统不能够完全满足日常的巡检和检修工作需求：体现在系统操作不够方便，地图信息更新不及时，网络信息交换缓慢和设备维修费用高昂等，加上设备厂商售后服务滞后、问题拖延不解决等问题，严重影响了巡检和检修的顺利开展。而且手持设备因过时停产的原因，故障硬件维修非常困难，再继续使用淘汰设备所造成的维护费用会非常高。

为满足燃气巡检的工作需求，业主单位通过公开招标，选择昆明某科技有限公司对系统进行升级改造，希望综合利用通信技术、位置服务技术、地理信息系统技术，开发一套运行在移动互联网上的燃气管网巡检办公平台，让巡检人员利用这个平台安排任务计划开展巡检，发现问题及时反馈，引导维修人员修理处置、记录处置前后情况，从而提高巡检、检修的工作效率，加强对燃气管网等基础设施设备的综合管理水平。

该科技有限公司在中标之后对业主单位的需求和原系统的使用情况进行了分析，发现原系统存在的若干问题中有两个问题与位置服务和地理信息服务有关。

(1)数据更新不及时。近年来，我国城市化进程加速，城市建成区调整和新建区扩张较快，然而原系统使用的是离线地图，需要由业主单位采购影像数据，在进行切片处理之后更新设备上的地图。但影像数据价格较高，业主单位又没有预算数据更新的经费；自

2008年系统上线之后就一直使用当时购买的影像地图，与城市现状存在较大差异，很多区域地图与现实不符，巡查人员经常需要根据当前位置和目标地址通过人工判断找到到达巡检地点的道路，记录的工作轨迹与实际地理现状存在较大误差。

(2)原有设备在城市内无法精确定位。原来业主单位使用的是基于美国GPS卫星导航系统的设备，通过单点定位的方式获取定位信息。这种方式在非城市的野外定位是较准确的，可以达到水平误差≤5m的定位精度，基本能满足业主单位要求。但该定位设备在城市内使用时，由于卫星导航信号受到高大建筑物的干扰，定位水平误差经常超过20m，而且卫星导航信号在建设物之间进行多次反射，使定位点出现一种无规律"飘移"的情况，无法通过长时间多次测量加以稳定。同时，原来使用的设备型号较老，不支持RTK差分定位，也无法通过差分定位手段对测量结果进行校正，导致巡检工作人员不能准确获得自己所在位置坐标，故障点标记、引导等功能失去了意义。

针对前述两问题，该科技有限公司和业主单位的技术人员一起进行了研究分析，认为可以用"天地图·云南"和北斗YNCORS加以解决：

(1)通过"天地图·云南"获取最新、最现势的地图数据。"天地图·云南"拥有云南省内丰富的地理信息资源。其中，在昆明市提供：昆明市全境影像，比例尺为1∶1万至1∶5000；昆明市电子地图，比例尺为1∶1万至1∶5000；昆明市电子地图注记，比例尺为1∶1万至1∶5000。此外，还提供了昆明市路网分析服务。

(2)利用北斗YNCORS获取高精度定位服务。2014年10月，昆明市的北斗地基增强网正式建成运营，提供米级、分米级、亚米级的定位导航和后处理毫米级的精密定位服务，配合YNCORS提供的RTD服务，可以实现巡查人员在城市内的亚米级定位。

为此，该科技有限公司与我们进行了沟通和交流，了解了基于北斗YNCORS+地理信息平台SDK的功能和技术特点，通过组织培训，使该科技有限公司的研发团队掌握了基于北斗YNCORS+地理信息平台SDK的使用方法，最终顺利地完成了"燃气管网移动巡检系统"的开发任务。

7.1.2 项目研究内容

最终研发完成的"燃气管网移动巡检系统"，是以支撑该燃气公司各部门共同使用管网数据为目标，利用基于北斗YNCORS+地理信息平台SDK，以移动互联网、北斗卫星导航技术为支撑，以计算机网络及硬件平台为依托，以数据集中存储、分布使用为核心，采用地理信息系统(GIS)技术、卫星定位技术、网络技术、Web技术、数据仓库技术、信息安全等技术构建的管网巡检办公平台。

系统架构如图7-1所示。

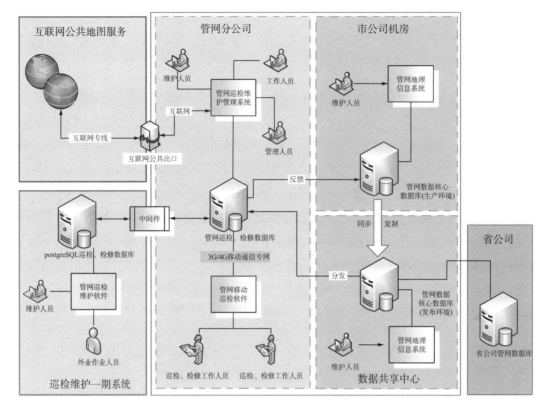

图 7-1 系统架构图

项目完成了如下 6 项建设工作。

（1）完成了北斗终端设备选型。终端设备升级为支持主流的移动设备操作系统（Android 系统，版本为 4.0 及以上），配置 GPS 模块，精度能够达到 5m 或者小于 5m；支持 3G/4G 上网；拍照像素在 800 万或以上；机身 RAM 为 2GB 及以上，支持扩展卡；电池能够保证在外连续工作 8 小时；阳光下屏幕能够清晰可见的专业手机。

（2）建立了开放式的数据标准体系。在遵循已有的国际标准和工业标准的基础之上，以符合燃气公司管理要求并能与现行的其他系统进行数据交换，满足管网巡检工作的需要和管理上的要求，能面向其他部门提供不同的管网信息服务和管理要求，实现管理功能上的升级要求。

（3）更新了管线数据管理机制。通过建立健全管网数据的使用机制，建立数据共享中心，由数据共享中心负责管网数据的生产和更新，实行统一管理、分布应用的模式。将现有的工作底图为配准位图导入手持设备的方式，改为由数据共享中心根据不同应用部门的请求，裁切管网数据和查询所需信息发送到移动端，配合"天地图·云南"提供的巡检区域地形图进行叠加显示，实现管网信息的实时查询，如图 7-2 所示。同时根据反馈的信息，

通过数据更新维护流程，对变更和不准确的管线信息进行数据更新和发布，达到动态数据
管理和应用的要求。

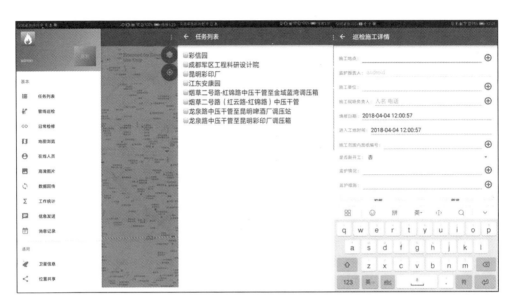

图 7-2　系统截图一

（4）引入"天地图·云南"地图服务。原系统采用的管网与城市地图融合在一起的栅格
图，无法做到及时更新，更新较为困难。因此在本次升级改造中，针对这一问题，将二者
进行分离，通过数字化，提取出目前使用的管网图中的管线数据，进行标准化建库工作后
放入管网地理信息系统中。剥离城市地图，引入云南省测绘地理信息局建设的地理信息公
共服务平台"天地图·云南"提供的地图服务作为工作底图，如图 7-3 所示。通过技术手
段，在使用时按其所处位置由管网地理信息系统裁切该区块的管网数据和查询所需属性信
息发送到用户端，配合"天地图"的城市公共地形图进行叠加显示。采用这种方式的优势在
于：一是在升级改造的系统中采用互联网提供的城市公共地形图作为工作底图，其优点在
于地图的更新周期短、速度快，能及时反映出城市的变化，满足一线员工野外作业时对管
线周边的地理环境有直观的参考依据，同时实时轨迹能与实际地理信息相吻合，并且采用
这种方式能节省购买城市地形图的高昂费用；二是保护管网数据的安全，管网数据由数据
共享中心根据不同应用部门的请求，按其所处位置裁切该区块的管网数据和查询所需属性
信息发送到移动端，配合城市公共地形图进行叠加显示。发送到移动端的管网数据内容可
根据用户的权限进行设置，避免了把管网图拷贝到手持机中却因手机设备丢失可能造成泄
密等问题。

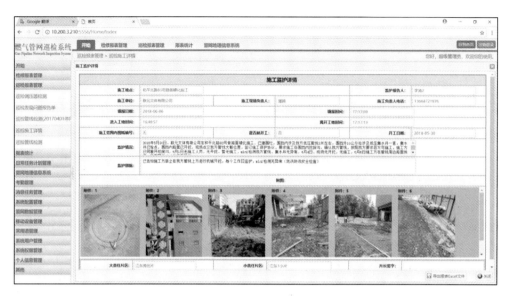

图 7-3　系统截图二

（5）升级单点定位为差分定位。燃气公司原来使用的 GPS 定位设备提供了基于 GPS 的单位定位能力，但由于使用环境和设备能力所限，定位精度不高，不能很好地满足当前燃气管网巡检工作的要求。这次系统升级改造之后，采购了支持差分定位的设备，通过北斗 YNCORS 提供的 RTD 服务进行差分定位，达到了亚米级的定位精度，满足了巡检工作的需求，配合软件系统的故障上报、定位导航等功能，可以准确地引导巡检和施工人员开展工作。

（6）完成了软件功能的升级改造。按照管网巡检管理工作的要求，重新设计了新的系统运行模式，并按此设计完成了软件功能的调整升级，着重在地图服务、定位服务、数据采集、日常巡检、故障检修、统计查询和数据管理等几个方面对系统功能进行开发强化，满足巡检实际工作需求。进行系统安全体系的升级改造：程序设计安全性、应用系统及操作系统级安全控制、数据库级安全控制、网络安全性、物理安全性等。通过防火墙、防病毒网关、IPS（入侵防护）、特定端口防护，用户账号和权限管理、设备使用验证及访问识别、传输数据加密等技术手段来强化系统使用安全和数据使用安全。

7.1.3　基于 SDK 解决的技术问题

在本次"燃气管网移动巡检系统"升级改造项目建设过程中，该科技有限公司应用基于北斗 YNCORS+地理信息平台 SDK 解决了如下两项技术问题。

（1）解决了使用北斗 YNCORS 高精度定位服务的问题。由于燃气管网巡检工作需要对故障点进行精确定位以引导施工人员对故障进行检修，需要达到亚米级精度的定位服务。

在云南省内，北斗 YNCORS 提供了大范围、高精度的 RTD 信号覆盖，本项目使用 SDK 封装的"位置服务协议池"，按照协议的格式和要求，使用北斗 YNCORS 定位协议，在移动应用中方便、顺利地使用了"北斗 YNCORS"提供的高精度定位服务，降低了开发人员的工作量，节约了项目工期和开发成本。

(2)解决了在移动应用中使用"天地图·云南"地图服务的问题。"天地图·云南"按照国家"天地图"平台的要求，提供了一组符合 OGC 标准的地图服务，在没有 SDK 的情况下，虽然可以使用其他地图平台或移动 GIS 开发平台引用"天地图"提供的地图服务，这些平台只提供了地图显示、放大缩小等基础功能，其他的服务需要开发人员自行对这些地图服务进行封装。而基于北斗 YNCORS+地理信息平台 SDK 已经预先封装好这些服务，开发人员直接调用就可以使用"天地图·云南"提供的各项服务功能。并且 SDK 仿照国内目前广泛使用的百度地图的服务接口的设计，提供了相同或类似的接口，该科技有限公司的开发人员原来使用百度地图的经验可以得到复用，原有的代码只需要做简单的调整即可应用在新的项目中，大大降低了此次项目开发成本。

7.1.4 应用经验总结

该科技有限公司在"燃气管网移动巡检系统"项目研发过程中，通过使用基于北斗 YNCORS+地理信息平台 SDK，按 SDK 运行要求进行了设备选型和系统架构设计，并对基础平台、数据管理、安全防护等方面进行了功能调整和升级改造，在项目开发中顺利地使用了"北斗 YNCORS"高精度定位功能，引入了"天地图·云南"提供的地理信息服务，快速地完成了业务功能的设计开发，满足了燃气公司的实际工作和管理的要求，保障了管网巡检、检修工作的顺利进行，提高了燃气公司巡检、检修工作的质量和效率，从技术手段上强化了安全管理措施和监督机制，切实保障了燃气管网安全运行。

7.2 北斗移动执法监察终端系统

7.2.1 项目概述

国土资源执法监察工作是国土资源管理的一项重要职能，是国土资源科学、规范、节约、集约利用的根本保障。随着经济社会的迅猛发展，土地资源的资本和资产特性日益显现，建设用地扩张的势头有增无减，为了增加地方财政收入，部分基层政府热衷于搞政绩工程和形象工程，大规模招商引资，非法征地、非法批地或背后支持、默许违法用地行为发生；一些开发企业不切实际，盲目圈占大量土地，造成了土地资源的严重浪费和优质耕地的大量消耗，危及了国家的粮食安全。为切实加强土地管理调控，严把土地供应闸门，国土资源部联合中纪委发布了《违反土地管理规定行为处分办法》(2008)，同时开展了全国土地执法百日行动、土地矿产卫片执法检查、"双保"等执法行动，给国土资源执法监察工作提出了新的挑战和新的要求。在我国国土资源管理体制中，各级政府一直十分注重强化执法监察的地位和作用，将相关人员、经费纳入财政预算，改善工作条件，增加执法设备，调整配置人员，提升规格层次，充实领导工作，有力地支持执法监察工作，形成了省有执法监察总队，市有执法监察支队，县(区)有执法监察大队，乡镇国土所配备有执法监察中队的四级执法监察组织体系。但一直以来，传统土地监测和执法检查依靠人工手段进行实地检查，工作效率低、劳动强度大，需要投入大量的人力和物力，由于自然资源部门各级人员配置与工作量很不相适应，许多地方难以巡查到位。而国土资源有关部门既是查处违法行为的行政执法主体，又是政府的组成部门，在查处案件时往往慎之又慎，思前顾后，更有甚者干脆隐瞒不报，想方设法使其用地合法化；特别是在处理重点工程项目违法用地时难度更大，处罚措施很难落实到位。这就使得在国土资源执法监察工作中，国土资源违法行为的客观性、真实性难以如实体现，需要应用更先进的国土资源执法监察手段去破解矛盾。

为此，昆明云金地科技有限公司开发了"北斗移动执法监察终端系统"，通过应用北斗卫星导航技术，集成北斗 YNCORS 高精度定位服务和"天地图·云南"提供的地理信息服务，解决各级国土资源部执法部门开展野外执法监察工作中遇到的问题，将原有依靠投诉举报的被动执法工作模式改变为智能化和主动化发现的新模式，全面提高了基层执法人员执法监察工作的工作效率，增强了执法监察工作全程监管能力，为实现国土资源执法监察工作的动态化、规范化管理打下了基础，提供了技术支撑。

7.2.2 项目研究内容

北斗移动执法监察终端系统根据国土资源管理和执法监察工作的需求，运用卫星定位、地理信息系统、移动智能设备等技术手段和先进设备，集成现代信息技术与传统执法监察巡查手段，利用"天地图·云南"提供的地图服务和信息资源，整合遥感影像等数据成果作为本底资料，开发了国土资源移动执法监管工作平台，支撑执法监察巡查、卫片核查等业务工作，对区域国土资源利用变化进行全面系统的监测和分析，从而大幅度提高市、县两级自然资源部门土地动态监测和执法监察的效率、精度和有效性，实现对执法手段现代化、执法对象空间可视化、监督管理常态化的支持，为发挥执法监察在国土资源管理中的重要作用、提高执法监察业务的信息化管理水平作出了贡献。

北斗移动执法监察终端系统定位于为州、县、乡三级自然资源执法监察部门提供办公平台，通过为基层巡查人员配置必要的硬件设备，利用"天地图·云南"提供的电子地图作为工作底图，采用北斗 YNCORS 技术进行定位和坐标采集，通过无线通信网络进行分析查询，使巡查人员在现场即可以得到准确的土地信息，及时分析出地块占用情况、规划符合性情况等指标，辅助巡查人员判断地块是否违法，提升执法的准确性。

北斗移动执法监察终端系统运行机制如图 7-4 所示。

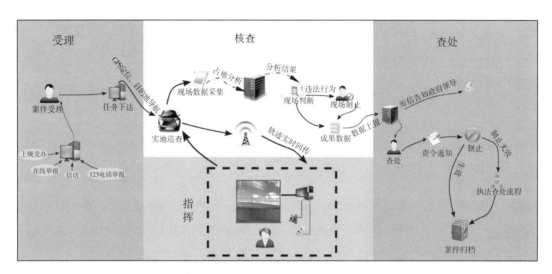

图 7-4　系统工作过程示意图

（1）举报受理。将 12336 举报电话、在线举报、信访受理、上级交办等渠道收集到的侵害国土资源的违法案件线索记录到管理平台之中。

（2）任务下达。指挥调度人员依据案件线索信息，叠加各类专题地图数据，从而判断建设热点和违法用地集中区域，确定具体巡查区片，进行巡查路径规划。并结合日常巡查工作安排，形成巡查人员的巡查任务安排。

（3）巡查引导。巡查区域和路线确定后，巡查人员利用"天地图·云南"提供的各类地图和北斗 YNCORS 进行定位引导，实现巡查地块的导航定位，快速到达巡查地区，并按照规划好的路线，如图 7-5 所示，逐一核查预定巡查任务的核查目标。

（4）现场数据采集。巡查人员按事先计划到达巡查、核查目标，如卫片监测图斑、新开工项目、信访举报线索等，到达目的地或临时发现违法用地之后，即可开展数据采集工作，如图 7-6 所示。系统利用北斗 YNCORS 提供的 RTD 定位信号，进行位置精确定位，实时采集地块的位置信息。

（5）回传分析。采集到的地块坐标信息由移动巡查设备通过 VPDN 网络或北斗短报文网络提交到设置在自然资源部门内部的服务器之中进行分析，通过与建设用地审批、供地

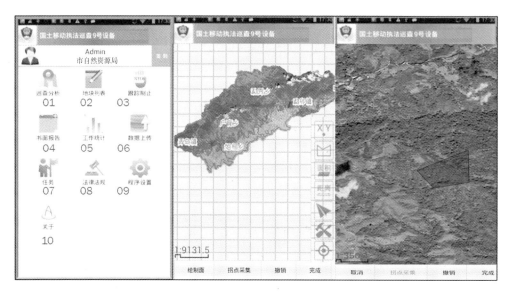

图 7-5　系统界面图一

状况、土地利用现状、土地利用规划、基本农田情况、年度卫片执法检查、不同时期遥感影像等进行叠加分析，计算各类占地指标，分析结果通过北斗短报文或 VPDN 网络反馈到巡查人员的移动巡查设备上，以达到快速判断该用地是否涉嫌违法用地的目的。

（6）现场判断。巡查人员根据反馈的查询分析结果，综合现场条件进行地块的违法性质判断，如果地块违法，则进行现场制止；如果地块不违法，则行进到下一个巡查地点。

（7）现场制止。对于发现的违法地块，巡查人员可以当场制止违法行为，并在制止工作之后若干天内，将再次巡查到此地块，对违法行为的制止情况进行跟踪处理。如果违法行为已经停止，则进行结案操作；如果制止无效，则进入立案流程进行查处。

（8）提交成果。巡查工作过程中的工作成果，可导出成果数据包，导入自然资源部门内部的办公系统，实现数据的更新，并及时通报违法地块所在区域的地方政府配合进行案件的查处工作。

北斗移动执法监察终端系统（图 7-5、图 7-6）通过无线网络构建起州、县、乡三级系统与系统之间的连接，实现基于州—县—乡三级联动模式的执法任务下达、巡查引导、现场数据采集、回传分析、现场判断、成果提交、实时通报等业务功能，实现国土资源执法监察"全业务、全流程"的联网协同办公工作新模式，支持案件查处、信访督办、12336 督办、卫片核查等执法监察业务流程的公文流转，为国土资源执法监管平台提供最综合的数据支撑，为其他业务系统提供业务数据及档案支撑服务。

图 7-6 系统界面图二

7.2.3 基于 SDK 解决的技术问题

昆明云金地科技有限公司作为基于北斗 YNCORS+地理信息平台 SDK 的研发单位,在这个项目中第一次应用了 SDK,并解决了如下问题:

(1)在移动应用中使用北斗 YNCORS 进行高精度定位。北斗卫星导航系统具有快速定位、双向通信、精密授时等功能,相较于其他导航系统和通信设备,北斗卫星定位系统是覆盖我国本土的区域性导航系统,具有全疆域无缝覆盖、不受地面环境条件限制的特点,与 YNCORS 整合之后,可以在云南省内提供高精度亚米级 RTD 差分定位,可以为违法行为的数据采集和范围调查提供高精度的空间坐标,并对遥感数据进行校正和检验,对于非常宝贵的国土资源来说,高精度的定位数据有利于保证执法行为的准确性,也可以体现出自然资源执法部门的权威。因此,在开发过程中首先进行了设备选型,选择了广州中海达公司生产的支持北斗和 GPS 双模定位的终端设备。在系统应用开发过程中,充分利用设备平台的优势,使用 SDK 提供的位置服务协议池引入北斗 YNCORS 和 GPS 定位协议,形成了以北斗 YNCORS 的 RTD 定位为主、GPS 为辅助补充的定位数据获取机制,充分利用北斗 YNCORS 定位精度高和 GPS 信号覆盖范围大、定位速度快的特点,有效地保证了系统定位和数据采集的精度,满足了用户单位的要求,保障了项目的顺利进行。

(2)在野外综合应用"天地图·云南"提供最现势性的地图服务。信息的现势性是指系统所提供的信息要尽可能地反映当前最新的情况。地图的现势性是信息现势性的重要内容,是执法监察工作开展的前提和必要条件。在社会经济快速发展的新形势下,土地的地形、地貌、地物的变化十分频繁,为保证执法工作的顺利开展,需要在巡查使用的执法工作地图上及时反映人文与自然要素的实际变化，以保证执法行动准确、权威。地图更新周期愈短，现势性就越强，但更新地图需要花费大量的人力、物力，云南省经济相较沿海发展地区落后，地方政府执法工作经费较少，经常无法定期购买最新的影像数据，导致执法工作地图现势性较差。为解决此问题对"北斗移动执法监察终端系统"的推广应用的影响，项目组采用基于北斗 YNCORS+地理信息平台 SDK 调用"天地图·云南"提供的地图服务作为执法工作地图。"天地图·云南"由云南省测绘管理部门进行维护，拥有云南省内最新、最现势的地图数据资源，并可以定期(年度、半年度)及时地对云南省内地图进行更新，有效地保障了北斗移动执法监察终端系统的顺利应用和各地执法监察工作的开展。

7.2.4　应用经验总结

北斗移动执法监察终端系统软件以提高云南省国土资源执法监察工作效率、提升国土资源管理的信息化水平和服务经济社会发展的能力为根本目标，通过应用基于北斗 YNCORS+地理信息平台 SDK，使用北斗 YNCORS 和"天地图·云南"提供的服务，结合国产终端设备，完成了国土资源执法监察软件开发，达到了提升云南省北斗卫星导航定位应用水平、增强国土资源执法监察监管手段的目的。在开发过程中使用基于北斗 YNCORS+地理信息平台 SDK，有效降低了开发成本，缩短了开发周期，取得了较好经济效益和社会效益。

参 考 文 献

[1]黄俊华，陈文森. 连续运行卫星定位综合服务系统建设与应用[M]. 北京：科学出版社，2009.

[2]余凤娇，杨映泉，赵云龙. 基于北斗CORS+地理信息系统位置服务平台的设计与实现[C]// 云南省测绘地理信息学会2017年学术年会论文集. 昆明：云南省科学技术协会，2017：570-575.

[3]刘宇宏，陈龙，王亚鸣. 基于北斗的连续运行卫星定位综合服务平台设计及其应用[J]. 上海航天，2014，31(1)：37-43.

[4]李飞，孙轩，马春红. 导航与位置服务平台的设计与实现[J]. 地理空间信息，2014，12(5)：38-40.

[5]李健. 卫星定位连续运行参考站网的系统架构及软件体系设计[D]. 郑州：中国人民解放军信息工程大学，2007.

[6]刘文建. 北斗/GNSS区域地基增强服务系统建立方法与实践[D]. 武汉：武汉大学，2017.

[7]李征航，黄劲松. GPS测量与数据处理[M]. 3版. 武汉：武汉大学出版社，2016.

[8]赵忠海，张洪文，赵存洁，等. 高纬度区域北斗CORS精度分析[J]. 测绘与空间地理信息，2016，39(7)：76-78.

[9]黄丁发，周乐韬，卢建康，等. GNSS卫星导航地基增强系统与位置云服务关键技术[J]. 西南交通大学学报，2016，51(2)：388-395.

[10]刘全海，王琰开. 采用融合升级方法的CZCORS北斗增强系统建立与测试[J]. 城市勘测，2015(5)：91-94.

[11]杨爱玲，周泉，张晓磊. 北斗CORS网建设的分析与思考[J]. 测绘与空间地理信息，2015，38(10)：61-63.

[12]吴小竹. 地理知识云服务发现与组合技术研究[D]. 福州：福州大学，2014.

[13]刘伟. 设计模式[M]. 北京：清华大学出版社，2011：10.